THOMAS BURSCH
MARION PEPPER
LARS THIEMANN

Abbruchsignale bei Hunden

HEMMEN, UNTERBRECHEN, ABBRECHEN

KOSMOS

☞ Inhalt

KOSMOS PLUS

DAS KOSTENLOSE EXTRA: DIE KOSMOS-PLUS-APP FÜR DIGITALE ZUSATZINHALTE

Dieses Buch bietet dir weitere Inhalte in Form von 59 Videodateien, die im Buch durch dieses Symbol 123 gekennzeichnet sind.

Und so geht's:

1. Besuche den App Store oder Google Play.
2. Lade die kostenlose App „KOSMOSPLUS" auf dein Mobilgerät.
3. Dann öffne die App, schalte die Inhalte mit dem Code „Abbruchsignale" frei und lade die Inhalte für das Buch „Abbruchsignale bei Hunden" herunter.
4. Auf den Seiten mit dem Symbol 123 kannst du eine Videodatei zum jeweiligen Thema anschauen. Dazu gibst du den dort genannten Zahlencode in die App ein oder suchst dir in der Medienliste den entsprechenden Inhalt.

Mehr Informationen findest du unter **plus.kosmos.de**.

ZUM GELEIT VON DR. DORIT FEDDERSEN-PETERSEN

Laute sind wohl die erfolgreicheren Auslöser in der Kommunikation des Hundes mit dem Menschen, der feine optische Ausdrücke eher übersieht. Hunde verfügen über ein sehr fein graduiertes optisches Ausdrucksverhalten, das Menschen immer wieder Rätsel aufgibt. Hundeliteratur, die sich der Beobachtung kommunizierender Hunde verschreibt, ist nach wie vor eine große Bedeutung zuzuordnen, da deren Ausdrucksverhalten keineswegs erschöpfend untersucht wurde, vielmehr nach wie vor Bereiche einer „terra incognita" besitzt. Wichtig ist dabei natürlich die punktgenaue Aufzeichnung kommunikativer Prozesse, wie deren situativer Kontext, biologisches Wissen und eine gute Beharrlichkeit.
In diesem Buch geht es um die hundliche Kommunikation im aggressiven Kontext, in dem eine bestimmte Signalmotorik der Haushunde als Abbruchsignal bezeichnet wird.

Unter Abbruchsignalen werden Signale verstanden, „die von Hunden innerartlich verwendet werden, um Handlungen des Gegenübers zu hemmen, zu unterbrechen oder zu beenden", wie in der Einleitung erläutert. Es sind mehr oder weniger hoch ritualisierte, teilweise übertrieben ausgeführte aggressive Displays, Drohsignale also, wie physische Begrenzung, sie reichen somit vom Drohfixieren bis zum Umrempeln.
Es sind keine Spiele, wenngleich ihre Signalübertreibung, wie auf den Fotos dokumentiert, mitunter an diese erinnern mag, es sind nachdrücklich ausgeführte Displays im aggressiven Kontext, überwiegend hoch ritualisiert ausgeführt.
Die Autoren dieser Studie arbeiten als Dogwalker in Berlin und ihre Datenaufnahme erfolgte über Jahre. Beobachtet wurden „Ausführgruppen" von Haushunden, die aus 15 bis 17 Hunden bestehen.

Hypothesen der Untersuchungen waren:
Unterschiedliche Signale haben verschiedene Bedeutungen und das Drohen wird je nach Kontext instrumentell eingesetzt, soll also jeweils bestimmte Wirkungen erzielen, indem Interaktionen gehemmt, unterbrochen oder beendet werden. Die beim Hund bekannten Abbruchsignale sind offensives Drohfixieren oder „strenger Blick" als seine Vorstufe, Nackenstoß, Kopfauflegen, Schnauzgriff (oder Schnauzengriff, wie allgemein beschrieben), T-Stellung, Wegschnappen, Standing over und Besteigen. Die Beschreibung des strengen Blicks geht bis zur Faltenbildung auf der Stirn und Spannungsveränderungen im Bereich von Lefzen und Nasenrücken, was beeindruckt.

Dr. Dorit Feddersen-Petersen

Abbruchsignale werden also als vielfältig und komplex definiert, sie haben verschiedene Bedeutungen und hemmen oder unterbrechen eine Handlung bzw. führen zum Abbruch dieser. Abbruchsignale werden als **soziales Regulativ** verstanden und sind besonders dann zu beobachten, wenn es innerhalb der Gruppe Veränderungen gibt.

Der Hinweis auf Hunde, die von vornherein Signale sehr fein wahrnehmen und ebenso auf diese reagieren können, Grenzen klar und situativ angepasst setzen und intuitiv zu wissen scheinen, wie sie reagieren müssen, alles mit scheinbar minimalem Aufwand, deckt sich voll mit meinen Beobachtungen. Diese Hunde nun treffen in den Gruppen auf solche, die durch rassebedingte Handicaps mehr oder weniger schwer beeinträchtigt sind und deren Signalmotorik nicht mehr funktioniert, da hypertrophiert verkümmert, sozusagen in Übersteigerung funktionslos gezüchtet. Erst in letzter Zeit wird zunehmend auf Qualzüchtungen reagiert, die wir bereits vor Jahrzehnten angeprangert haben – es bedarf wahrlich des langen Atems, um Veränderungen durchzusetzen – auch wenn klar nachgewiesen wird, dass und wie Tiere leiden!

Sehr stimmig finde ich u. v. a. die vielseitigen Beschreibungen zum Kopfauflegen, das gern unisono als dominantes Verhalten viel zu kurz gedeutet wird. Hier wird es als soziopositives Verhalten beschrieben, das unter vertrauten Hunden gezeigt wird, wie bei sexuellem Interesse und etwa als Imponiergeste. Hinweis für den sexuellen Kontext sind die nach hinten oben gezogenen Ohren und die nach außen gedrehte Ohrmuschel. Weiter wird in diesem Kontext hochfrequent gefiept.

Nach vorn gezogene Ohren stehen hingegen im Kontext des Imponierens, während seitlich gedrehte Ohren für eine Mischmotivation stehen können. Auch das Kopfauflegen zur Interaktionsunterbrechung zwischen zwei Hunden wird erwähnt. Dieses findet man häufig im Spiel. Eine Variation des Kopfauflegens wurde zwischen einem Labrador und einem Dackel beobachtet: Der Labrador stand mit seinem Kopf senkrecht über einem Dackel, alle Komponenten sprachen für ein Kopfauflegen mit senkrechter Kopfhaltung, bedingt durch den Größenunterschied der beiden Hunde. Solche Beschreibungen sind doch schlicht wunderbar.

Die Beobachtungen der Dogwatcher an so vielen unterschiedlichen Hundetypen großer morphologischer wie ethologischer Variabilität belegen, dass Verständigung unter Hunden sehr wohl möglich ist, wenn sie einander kennen lernen und miteinander leben können, so wie hier etwa. Zu betonen ist, dass erfahrene Hundekenner die Gruppen leiten. Keine Frage, dass Hunde zum Menschen gehören – nach Ablauf einiger Stunden kommt ja jeder Hund zu seinen Menschen zurück. Doch ist dieses Leben mit Artgenossen dem Anpassungsmögen von Hunden in der Stadt wie auf dem Land sicher sehr zuträglich, da über Kommunikation mit ihnen die Regeln des sozialen Miteinanders gelernt werden. Zusammenleben mit Hunden muss natürlich gelernt werden wie die Kommunikation mit dem Menschen. Leider gilt heute nicht selten die Auffassung, der Hund müsse allein mit Menschen zurechtkommen, die Hundekommunikation mit Artgenossen täte nicht so not. Natürlich ist das zu kurz gedacht – Hunde haben mit Artgenossen und mit Menschen zu tun.

Eine Einbeziehung der Lautäußerungen in die Analyse wäre wohl technisch wie methodisch viel zu aufwendig und eine Beschreibung von Lauten allein nach dem Höreindruck zu einfach und ungenau gewesen. Lautspektrographische Analysen der verschiedenen Lautäußerungen wären anzuraten. So bleibt zu hoffen, dass die Lautanalyse in einer separaten Publikation erfolgt. Hier wäre hochinteressant, ob Lauten eine ähnlich verdrängende Funktion zukommt wie den Gebärden. Das Lautäußerungsverhalten der Hunde ist ja ausgeprägt.

Ihre Form akustischer Verständigung bietet gute Möglichkeiten zu einer Hund-Mensch-Verständigung, in diesem Sinne ist das Bellsystem der meisten Hunde hypertrophiert. Unter Hunden allerdings wirkt

häufiges Bellen mehr erregend als koordinierend. Bellen passt zum Hund, der immer wieder angesprochen wird, es ist apellativ. Bellen unter Hunden allerdings scheint der Erregung sehr dienlich zu sein. Will man Hunde verstehen, ist immer wieder zu bedenken, dass der Hund auf den Menschen kam, als der Mensch auf den Hund kam. Diese Entwicklung zum Menschen hin kann der Verständigung unter Hunden sehr im Weg stehen …
Es wäre spannend, sich einmal die Etablierung von Beziehungen/Bindungen unter den Hunden anzusehen. Welche Hunde kooperieren, wer wird von wem in welchem Kontext unterstützt? Vielleicht wäre auch das die nächste Untersuchung?

Worum also handelt es sich nun in der Gruppe, was bedeutet die beschriebene Kommunikation im aggressiven Kontext? Es geht im weitesten Sinne also um Spielräume der „freien Entfaltung“, die gewährt oder begrenzt oder genommen werden. Dieses geht durch Abbruchsignale, die Interaktionen beenden. Abbruchsignale sind Drohsignale, die überzufällig häufig zum Abbruch von Drohsequenzen führen können – ein dominanzanzeigendes Verhalten. Solche Regelhaftigkeiten im dyadischen Miteinander sind dann gegeben, wenn in einer Dyade A bestimmte Verhaltensweisen gegenüber B häufiger zeigt, als zufällig zu erwarten wäre.
Es geht dabei um Verhaltensweisen, die die Verhaltensmöglichkeiten, insbesondere die Bewegungsfreiheit von B einschränken. A reagiert dabei auf das Verhalten von B, ohne durch dieses Verhalten eingeschränkt zu werden und B duldet die Einschränkung ohne deutliche oder effektive Gegenwehr. Tatsächlich ist der Abbruch der Interaktion wesentlich vom Verhalten B´s abhängig, da seine Reaktion die Effektivität der Verhaltensweisen von A bestimmt – ein ständiges Miteinander.
Abbruchverhalten ist aber andererseits die von B akzeptierte Verhaltensfreiheit von A, z. B. die Freiheit, B´s Individualdistanz zu missachten oder ihn zu verprügeln etc.
Es gibt offensichtlich in diesem Kontext unidirektionale Verhaltensweisen, die überwiegend von A gegenüber B gezeigt werden. Dass Hunde „bruchstückhafter“ als Wölfe u. a. Wildcaniden kommunizieren, ist ihrem Hundsein geschuldet, der besonderen Bedeutung von Menschen für ihr Leben.

Dem Dogwatcher-Team wünsche ich weiterhin viele spannende Beobachtungen, die unsere Diskussionen bereichern – also nicht ganz uneigennützig … Und dann treffen wir uns wieder in Kiel und diskutieren, bis wir heiser werden!

DR. DORIT U. FEDDERSEN-PETERSEN

*(*12. April 1948 in Rendsburg; † 22. September 2023 in Kiel)*

Liebe Dorit,
ach, wie gerne würden wir weiter mit Dir fachsimpeln, ob am Telefon, nach Seminaren oder bei Dir zu Hause in Kiel – es war immer eine Bereicherung!
Und das nicht nur wegen Deines unfassbaren kynologischen Wissens, ohne das dieses Buch wohl nicht existieren würde, sondern vor allem, weil Du ein ganz wunderbarer Mensch warst, immer begeisterungsfähig und offen für Neues.
Wir vermissen Dich sehr!

Thomas, Marion und Lars

ZU DIESEM BUCH

LIEBE LESERINNEN UND LESER,

in der modernen Hundeerziehung wird der Fokus zu Recht immer mehr auf die Mensch-Hund-Beziehung gelegt. Psychologische Aspekte dieser Beziehung werden ebenso untersucht wie die kognitiven Fähigkeiten des Hundes.
In der praktischen Mensch-Hund-Beziehung kommen viele Menschen dennoch immer wieder an den Punkt, an dem sie ihren Hund nicht verstehen. Trotz aller Anpassung über Tausende von Jahren und trotz aller Ähnlichkeit in den sozialen Systemen sprechen Mensch und Hund eben immer noch unterschiedliche Sprachen.

GRUNDLAGEN UNSERER ARBEIT

Um Hunde besser zu verstehen, lohnt es sich vor allem, die verschiedenen Aspekte der innerartlichen Kommunikation und damit auch die mannigfaltigen Nuancen im Ausdrucksverhalten der Hunde unter die Lupe zu nehmen, und genau dies haben wir, das Team von Dogwatcher – Haushundeforschung in Berlin –, uns zur Aufgabe gemacht.
Wir haben uns in unserer aktuellen Arbeit Abbruchsignale vorgenommen, Signale, die von Hunden innerartlich verwendet werden, um Handlungen des Gegenübers zu hemmen, zu unterbrechen oder zu beenden. Angeregt durch den Wolfsforscher Günther Bloch, der Abbruchsignale sowohl beim Stammvater Wolf als auch beim Haushund beobachtet hat, stellten wir uns die Frage, warum in verschiedenen Kontexten unterschiedliche Abbruchsignale verwendet werden.
Die Vermutung liegt nahe, dass unterschiedliche Abbruchsignale verschiedene Bedeutungen haben.
Erste Ergebnisse präsentierten wir auf dem Internationalen Canidensymposium Wolf & Co 2017 in Berlin. Fachlich und freundschaftlich unterstützt wurde unsere Arbeit von Günther Bloch, der 2017 in den wohlverdienten Ruhestand gegangen ist, und von Dr. Dorit Feddersen-Petersen.
Grundlage für unsere Arbeit sind langjährige eigene Beobachtungen an gemischten Hundegruppen mit rudelähnlichen Strukturen (seit 1998) sowie in unzähligen Hundetrainingssituationen. Darüber hinaus haben wir in einer Langzeitverhaltensbeobachtung Daten wissenschaftlich ausgewertet. Diese dienen – ebenso wie zahlreiche Videos – als Belege für das vorliegende Buch.

Das Dogwatcher-Team. Von links nach rechts: Lars Thiemann, Marion Pepper und Thomas Bursch

Die videografische Dokumentation der ersten Lebenswochen eines Ridgebackwurfes und die dort zu erkennenden ersten Etablierungen von Grenzen durch die Mutter waren ebenfalls Arbeitsgrundlage.

WAS WIR ZEIGEN UND ERKLÄREN

Im vorliegenden Buch erklären wir zunächst, was Abbruchsignale sind, welche wir beobachtet haben und wie wir sie einteilen.
Wir beschreiben sowohl die Etablierung als auch die mögliche Steigerung von Abbruchsignalen, ebenso die Reduzierungen der einzelnen Signale auf diverse Vorstufen, sodass vor allem im vertrauten Miteinander das tatsächliche Abbruchsignal oft kaum noch zu sehen ist.
Im Anschluss erläutern wir die einzelnen untersuchten Abbruchsignale und die unterschiedlichen Bedeutungen. Mithilfe von Handlungsnetzen, eigenen Definitionen und anhand von Fallbeispielen bringen wir die jeweiligen Abläufe und Unterschiede auf den Punkt.
Die frühe Ontogenese und damit die mögliche Entstehung von Abbruchsignalen wird ebenso Thema sein wie die Antworten. Die Antworten unter die gleiche Lupe zu nehmen wie die gesendeten Abbruchsignale, war eine für uns erkenntnisreiche Entscheidung.
Ein weiterer Abschnitt befasst sich mit den alternativen Strategien – nicht nur Abbruchsignale können das Verhalten eines anderen Hundes hemmen, unterbrechen oder abbrechen.
Ob Handlungen wirklich beendet oder nur unterbrochen werden, diskutieren wir im Buch ebenso wie die unterschiedlichen Möglichkeiten und die Sinnhaftigkeit Abbruchsignale auch in der Mensch-Hund-Kommunikation einzusetzen. Dabei gehen wir auch auf die kontroverse Diskussion über Grenzsetzung in der Hundeszene ein und liefern Anregungen für Hundetrainer und Hundehalter.

Wir wünschen Ihnen viel Freude beim Lesen des Buches und dass Sie viele neue Erkenntnisse für sich und Ihr Zusammenleben mit Ihrem Hund daraus ziehen können.

Marion Pepper, Thomas Bursch und Lars Thiemann

ABBRUCHSIGNALE

— *... und irgendwann reicht der strenge Blick*

FALLBEISPIEL: HAKU – OSCAR – LEYLA

Im vorliegenden Fallbeispiel bringt ein erwachsener intakter Akitarüde einen jungen intakten Mastiffrüden nur durch Annäherung und Blicke dazu, in eine passive Unterwerfung zu fallen. Wenn im Anschluss der Mastiff den Kopf hebt, um zu erfahren, ob er vielleicht wieder gehen darf, reicht ein Blick des Akitas, um zu klären, dass noch keine Erlaubnis erteilt ist. Als eine junge Mastiffhündin dazukommt, wird auch diese dazu gebracht, in eine passive Unterwerfung zu fallen. Ein angedeuteter Schnauzgriff reicht dem Akita dafür.
Der Mastiffrüde scheint sich inzwischen schlafen gelegt zu haben, es sieht eigentlich nicht danach aus, als würde er immer noch wegen der Anwesenheit des Akitas liegen. Wenn aber zum Ende des Films der Akita von sich aus den Platz des Geschehens verlässt, steht der Mastiff auf und entfernt sich zügig und augenscheinlich erleichtert. 001
Ein Blick des Senders hat also genügt, um den Empfänger zu einer passiven Unterwerfung zu bringen und im Anschluss daran zu hindern, wieder aufzustehen. Ein strenger Blick war ausreichend, um das Verhalten eines anderen abzubrechen oder zu hemmen.
Nach dieser Erkenntnis war uns schnell klar, dass der strenge Blick nur deswegen als abbrechendes Signal funktionieren konnte, weil dahinter ein Versprechen auf mehr steckte. Würde der Blick nicht ernst genommen, könnte schnell ein weiteres abbrechendes Signal folgen. Man könnte sagen, den Worten würden Taten folgen.

Ein fixierender Blick in Nahdistanz lässt den jungen schwarzen Rüden defensiv reagieren.

EXKURS

IN DIE MENSCHLICHE KOMMUNIKATION

Thomas Sohn Tobi hat das im Alter von sieben Jahren schon so gut zusammengefasst, dass er damit so etwas wie den Untertitel unseres Buches geschaffen hat. „Papa, was tust du da eigentlich?", fragte er ihn eines Tages, während Thomas Videomaterial sichtete. Thomas erklärte es ihm wie folgt: „Ich finde heraus, wie ein Hund einem anderen Hund sagt, dass der etwas lassen soll."

Große Augen mit tausend Fragezeichen waren die Antwort. „Pass auf! Wenn wir beide rumbalgen und du wirst zu grob, dann packe ich deine Handgelenke, halte sie ganz fest und sehe dir tief in die Augen!" – „Ja Papa, dann weiß ich, ich soll nicht so doll machen."

„Okay, wenn ich sehe, dass du eine Dummheit vorhast und ich komme und lege meine Hand auf deine Schulter und sehe dich streng an ..." – „Dann weiß ich, dass ich das lieber sein lassen sollte."

„Und wenn ich dich erwische, wie du mit meinem Feuerzeug spielst und du gleich unser Haus abfackeln würdest, dann komme ich, packe dich, reiß dich weg und brülle dich richtig an." – „Papa, das würde ich nie wieder machen! Ganz fest versprochen!" Ein Moment lang war Stille und seine großen Augen suchten nach dem, was in seinem Kopf vorging.

Plötzlich sieht Tobi ihn strahlend voller Verstehen an und haut ganz trocken raus: „Ja, Papa, und irgendwann reicht der strenge Blick."

„Erfahrung, Erkenntnis und in Übereinkunft festgelegt" – das ist nichts anderes als Ritualisieren. Das Setzen von Grenzen, das Aufstellen von Regeln und das Erlernen von Signalen – hier

Der strenge Blick und das offensive Drohen kündigen hier ein Wegschnappen an.

von **Abbruchsignalen** – funktioniert wohl in den meisten sozialen Verbänden ähnlich, wenn nicht gar gleich. Unsere Forschung reicht natürlich längst nicht weit genug, um das verbindlich sagen zu können. Aber die Parallelen sind erstaunlich.
Sowohl in der menschlichen als auch in der hundlichen Kommunikation gilt, dass diese gegenseitige Verständigung auf Regeln, Signale und Grenzen vor allem der Verfeinerung der Kommunikation und der Vermeidung von Eskalation und damit einhergehenden Schäden dient. Günther Bloch hat 2004 den passenden Satz geschrieben: „Gedroht wird, wenn es nicht anders geht. Und manchmal geht es einfach nicht anders."

Somit ist Drohverhalten nichts Negatives, sondern wirkt präventiv und sollte damit positiv verstanden werden.

Fixierender Blick im Kontext des Beutefangverhaltens

DER STRENGE BLICK

Sandra Fischer hat in ihrer Diplomarbeit 2007 das Thema Abbruchsignale bereits genauer untersucht. Dabei hat sie den strengen Blick beschrieben. Allerdings könnte ein Beobachter bei ihrer Beschreibung des strengen Blicks auch den fixierenden Blick im Kontext des Beutefangverhaltens oder des Spiels hier einordnen. Da es an dieser Stelle aber einen beschreibbaren Unterschied gibt (siehe Fotos Seite 10 und 11), möchten wir diese Beschreibung ergänzen. Der strenge Blick kann als Vorstufe bzw. auch als Reduzierung des offensiven Drohfixierens nach Feddersen-Petersen (2004) eingeordnet werden. Bei Menschen gilt es als nachgewiesen, dass mimische Signale gesteigert, reduziert und gemischt gezeigt werden können. Man kann davon ausgehen, dass gerade die fein kommunizierenden Hunde dazu auch in der Lage sind. Erste Untersuchungen dazu sind in Arbeit.

Dogwatcher-Beschreibung des strengen Blicks

Die Augen des Senders sind auf die Augenpartie des Empfängers gerichtet, der Blick wird in der Regel nicht abgewendet. Eine Erhöhung der Körperspannung ist begleitend erkennbar. Augenlider werden angespannt und die Augenbrauen werden mittig zusammengezogen, sodass es je nach Intensität zu einer Faltenbildung auf der Stirn kommen kann.
Bei Steigerung der Intensität kann es zu Spannungsveränderungen im Bereich der Lefzen und des Nasenrückens kommen. Diese können in ein offensives Drohfixieren übergehen.

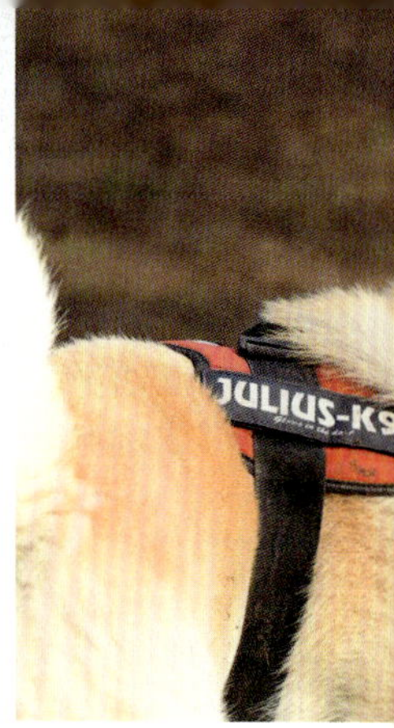

Auf wiederholte aktive Unterwerfung...

ES GIBT NICHT „DIE ABBRUCHSIGNALE"!

Der Blick als Abbruch funktioniert vor allem deshalb so gut, weil er die reduzierte Form und damit so etwas wie die Vorstufe eines Abbruchsignals ist. Das heißt, wenn ein Abbruch vom Sender etabliert respektive vom Empfänger gelernt wurde, kann allein der strenge Blick ausreichen, um das Verhalten des anderen zu hemmen, zu unterbrechen oder abzubrechen.
Die von uns auf den Blick folgenden beobachteten Abbruchsignale sowie deren Vorstufen waren keinesfalls gleich, sondern – je nach Kontext – sehr unterschiedlich.
Wir fanden sehr langsam ausgeführte Handlungen, wie z. B. das Kopfauflegen oder die T-Position, und Handlungen, die den Empfänger schnell und nachhaltig beeindrucken sollten, wie etwa der Nackenstoß oder das Umrempeln.
Wir beobachteten Handlungen, die dem Empfänger kaum Antwortmöglichkeiten ließen, wie z. B. das Drüberstehen oder das frontale Wegverstellen, und andererseits sehr fein abgestufte, vor allem im Vertrauten gezeigte Handlungen, wie den Schnauzgriff, der dem Gegenüber meist viel Spielraum für verschiedene Verhaltensantworten ließ.
Diese Vielfalt und Komplexität der beobachteten Abbruchsignale führten uns während unserer Arbeit zu drei sehr wichtigen Punkten:

1. zu unseren beiden Hauptannahmen:
— Unterschiedliche Abbruchsignale haben verschiedene Bedeutungen.
— Das Abbruchsignal wird je nach Kontext instrumentell eingesetzt.

Das würde bedeuten, dass das jeweilige Abbruchsignal als Mittel eingesetzt wird, um eine bestimmte Wirkung zu erzielen.

2. zu einer Einteilung in:
— Hemmung
— Unterbrechung
— Abbruch

3. zu den Verhaltensantworten:
(siehe Seite 19)

… kann als Reaktion ein Abbruch erfolgen.

Hier zeigt der Akita Inu dem jungen Labrador gegenüber einen Schnauzgriff.

Er führt den Schnauzgriff von oben nach unten aus …

… und drückt den Labrador währenddessen zu Boden.

Am folgenden Grooming ist zu sehen, dass sich die beiden Hunde vertraut sind.

Durch offensives Drohen bricht die Terrierhündin eine weitere Annäherung ab.

HEMMUNG, UNTERBRECHUNG UND ABBRUCH

In unseren Beobachtungen stellten wir fest, dass die verschiedenen Signale nicht nur zu unterschiedlichen Reaktionen führen konnten, sondern dass man die Abbruchsignale anhand der Reaktionen auch in drei Kategorien einteilen kann.

Daher haben wir die Signale, die wir allgemein unter dem Begriff Abbruchsignale beschrieben haben, unterteilt in:

— Signale, die das Verhalten des Empfängers eher hemmen,
— Signale, die das Verhalten des Empfängers eher unterbrechen, und
— Signale, die am ehesten zu einem Abbruch des Verhaltens des Empfängers führen.

Allerdings gibt es hier eher Tendenzen und keine scharfen Trennungen zwischen den drei Kategorien. Dasselbe Signal kann je nach Kontext, beteiligten Individuen und Intensität, mit der es gezeigt wird, in mehr als eine dieser Kategorien passen. So ist z. B. der Schnauzgriff in der weichen Form eher unterbrechend, kann als hart ausgeführter Schnauzgriff aber auch zum Abbruch führen.

Trotz oder vielleicht sogar wegen dieser Variabilität sind die zuvor erwähnten Kategorien ein wichtiges Hilfsmittel, um den Inhalt dieser Abbruchsignale besser zu verstehen.

Da diese Einteilung anhand der Reaktionen der Empfänger stattfindet, führt sie uns zu einem dritten sehr entscheidenden Punkt: **den Verhaltensantworten.**

Ganz ähnlich wie in der menschlichen Kommunikation ist auch bei den Hunden die Antwort des Empfängers ein entscheidender Hinweis auf die Intention des Senders.
An der Antwort lässt sich meist erkennen, was der Sender bezweckt und an der Reaktion auf die Antwort sieht man wiederum, ob dies die vom Sender erwartete Antwort ist. Diese Antwort kann sowohl deeskalierend, als auch eskalierend sein. (siehe Kapitel 15, „Die Antworten", Seite 174).

DOGWATCHER DEFINITION DER ABBRUCHSIGNALE

Abbruchsignale sind Signale, die einen anderen Hund in seiner Handlung hemmen, unterbrechen oder abbrechen sollen. Sie werden kontextbezogen eingesetzt. Oft geht ihnen ein Ablauf bestimmter Signale voraus, an deren Ende das Abbruchsignal steht. Durch das frühzeitige Zeigen einer erwarteten Antwort, kann dieser Ablauf stoppen, sodass kein Abbruchsignal gezeigt wird. Erhält der Sender keine entsprechende Antwort, kann ein Abbruchsignal auch gesteigert werden, indem es entweder intensiver gezeigt wird oder ein anderes Abbruchsignal eingesetzt wird.

☞ HEMMEN, UNTERBRECHEN, ABBRECHEN

Hemmen	Unterbrechen	Abbrechen
1. Dem Lauf, der Bewegung von etwas Widerstand entgegensetzen und sie dadurch (bis zum Stillstand) verlangsamen, bremsen. 2. Einen Vorgang, ein Tun in seinem Ablauf durch Widerstand, bestimmte Maßnahmen o. Ä. aufhalten; für jemanden, etwas in bestimmter Hinsicht ein Hemmnis sein.	1. Eine Tätigkeit o. Ä., die noch nicht zu Ende geführt ist, vorübergehend nicht mehr weiterführen. 2. Durch Fragen, Bemerkungen o. Ä. bewirken, dass jemand beim Sprechen innehält. 3. In dem gleichmäßigen Ablauf von etwas plötzlich als Störung o. Ä. zu vernehmen sein.	1. In/mit etwas unvermittelt, vorzeitig aufhören, in einer Tätigkeit nicht fortfahren. 2. Unvermittelt aufhören, enden, ein plötzliches, nicht erwartetes Ende haben.
Eine mögliche Wirkung eines Abbruchsignals ist, dass der Empfänger gehemmt wird, gegebenenfalls bis zum Stillhalten. Beispiel: Beim Drüberstehen kann sich der Empfänger erst wieder bewegen, wenn der Sender dies zulässt.	Eine mögliche Reaktion auf ein Abbruchsignal ist eine kurzfristige Unterbrechung des Verhaltens, das nach einer kurzen Pause weitergeht. Beispiel: Wenn im Spiel einer der beiden Hunde zu grob wird, kann ein Wegschnappen zu einer Spielunterbrechung führen. In vielen Fällen geht das Spiel zeitnah weiter.	Nach einem Abbruchsignal kann eine vorhergehende Handlung aber auch komplett gestoppt werden. Beispiel: Ein Jungrüde ignoriert, während er mit Hündinnen flirtet, die Signale eines älteren Rüden. Darauf folgt ein Nackenstoß. Danach lässt der Jungrüde die Hündinnen in Ruhe.

Kopfauflegen

Drüberstehen

Übertriebene Mimik im Spiel – kein Abbruch!

Wegschnappen

Schnauzgriff

Drohen als Protest

WELCHE ABBRUCHSIGNALE GIBT ES BEI HUNDEN?

Hier untersuchte Abbruchsignale:
- Schnauzgriff
- Wegschnappen
- Scheinangriff
- T-Position
- Kopfauflegen
- Besteigen
- Nackenstoß
- Drüberstehen

Für diese Signale haben wir zusätzlich in einer Langzeitverhaltensbeobachtung Daten erfasst. Darüber hinaus haben wir das Umrempeln und das Frontale Wegverstellen untersucht.
All diese Abbruchsignale haben wir deshalb ausgewählt, weil wir sie durch unsere Arbeit belegen können, und weil sie die Endhandlungen in unseren Handlungsnetzen darstellen.
Die Liste erhebt keinerlei Anspruch auf Vollständigkeit. Auch heißt Endhandlung nicht automatisch, dass die Kommunikation an dieser Stelle endet. So kann z. B. das Kopfauflegen bei Nichtbeachtung zu einem weiteren Abbruchsignal, dem Besteigen, führen. Eine weitere Steigerung ist der Nackenstoß. Ob also das Kopfauflegen ein eigenständiges Abbruchsignal ist oder aufgrund anderer Faktoren im Lauf der Ontogenese lediglich einen abbrechenden Charakter erhalten hat, bleibt bis heute offen.

Wir möchten an dieser Stelle auch keine endgültige Einteilung festlegen. Sonst müssten der strenge Blick, das Knurren, das Zähneblecken, das Nasenrückenrunzeln – sprich alle Drohsignale – einzeln untersucht und eingeteilt werden und das würde locker fünf bis zehn weitere Jahre dauern.
Eins jedoch haben all diese Signale gemeinsam. Sie sind in den Handlungsnetzen von Abbruchsignalen zu finden und können im Lauf der Ontogenese einen abbrechenden Charakter erhalten.

ABBRECHENDER CHARAKTER

Nicht nur Abbruchsignale können Handlungen abbrechen bzw. unterbrechen oder hemmen. Vor allem Handlungen bzw. Signale, die im Handlungsnetz vor dem Abbruchsignal stehen, können wie ein Abbruchsignal wirken. Wenn z. B. der Sender die Distanz verringert, bevor er ein Abbruchsignal zeigt, und der Empfänger daraufhin beim nächsten Mal schon auf die Distanzverringerung sein Verhalten einstellt, dann hat die Distanzverringerung einen abbrechenden Charakter bekommen. Allerdings sind diese Signale weniger kontextbezogen als die Abbruchsignale und können in mehreren Handlungsnetzen vorkommen.

DAS DROHEN – BESTANDTEIL DES ABBRUCHS

Bevor wir auf die entscheidende Bedeutung des Drohens kommen, ein kurzer Überblick über das Drohen an sich. Die Literaturliste in der Verhaltensbiologie und Psychologie ist lang und sprengt an dieser Stelle den Rahmen. Deshalb können wir hier nur einen kurzen Abriss geben: Was ist Drohen und wie untergliedert es sich in einzelne Elemente?

WAS IST DROHEN? 002

„Drohen bzw. Drohverhalten ist das Zusammenspiel unterschiedlicher Elemente wie Körperhaltungen, Bewegungen, Lautäußerungen, mimischen Ausdrücken und Gebärden, die eine agonistische Handlungsbereitschaft signalisieren und eine emotionale Stimmung erkennbar machen. Drohen ist immer kontextbezogen." (Dogwatcher)

Diese einzelnen verwendeten Elemente werden im Lauf der Ontogenese ritualisiert. So schreibt FeddersenPetersen (2008) „... werden Bewegungen, die einem Angriff vorausgehen, zu Drohbewegungen ritualisiert." und ein Stück weiter „In anderen Fällen ‚gefrieren' Bewegungen zu Körperhaltungen; etliche Drohgebärden sind auf diese Weise abzuleiten!, ..." Dasselbe gilt auch für Körperhaltungen, die z. B. einen Angriff andeuten.
Betrachtet man jetzt alle einzelnen Elemente, wie das Abducken zum Angriff, das hochaufgerichtete Stehen beim Imponieren, die Beißdrohstellung (das Maulaufreißen), die Intentionsbewegung zum Wegschnappen etc., so finden sich diese fast identisch in vielen anderen sozialen Interaktionen wieder. Vorrangig im Spiel- und Sexualverhalten.

Beißdrohstellung

Defensives Drohen

Offensives Drohen

Imponierendes Stehen finden wir beim flirtenden Rüden; die Beißdrohstellung im Maulringen; das Wegschnappen bei Beißspielen. Die Liste ließe sich noch weiter ergänzen, jedoch wollen wir hier nur das Prinzip verdeutlichen.

Der entscheidende Faktor um eine Handlung oder einen Ausdruck als Drohen zu identifizieren ist die Drohmimik.

Inzwischen sicher weithin bekannt ist die Unterteilung von Drohverhalten bei Hunden und Wölfen in **offensives** und **defensives Drohen.**
Bei der offensiven Form werden die Mundwinkel nach vorn geschoben und bei der defensiven Form nach hinten gezogen. Die Steigerung der Intensität kann man am fließenden Übergang zum Zähnezeigen und zum Nasenrückenrunzeln erkennen. Besonders der strenge Blick (siehe Seite 15) in seiner Steigerung bis hin zum Drohfixieren ist ein wichtiger Bestandteil der Drohmimik und kann Aufschluss über den emotionalen Zustand des Senders geben. Ein Drohen auf Fotos eindeutig zu identifizieren ist nicht immer leicht und manchmal schier unmöglich. Sehr oft finden sich Mischmotivationen, bei denen bereits eine andere Emotion eine Mimik formt. Ein gestresster Hund, dessen Mundwinkel sehr weit nach hinten gezogen und die Ohren angelegt sind, kann trotzdem offensiv drohen. Hierbei ist nicht der mimische Ausdruck entscheidend. Die Intentionsbewegung des Mundwinkel-nach-vorn-Schiebens gibt hier Auskunft. 003
Um zu verdeutlichen wie wichtig das Drohen für unsere Abbruchsignale ist, gehen wir also noch einmal zurück auf die Aussage: „... die einem Angriff vorausgehen, ...“ So ist eben ein Drohen das „Versprechen auf mehr“ und der abbrechende Charakter versteht sich von selbst.

Zusammenfassend bleibt also zu sagen: Ein gutes Indiz für das Erkennen von Abbruchsignalen ist das Vorhandensein von Elementen aus dem Drohverhalten.

Mischmotiviertes Drohen

Abbruch im Spiel – die Retrieverhündin zeigt eine deutliche Drohmimik.

ETABLIERUNG, STEIGERUNG UND REDUZIERUNG

Immer wieder fragten uns Hundehalter im Lauf unserer Arbeit, warum sie die von uns beschriebenen Abbruchsignale denn bei ihren eigenen Hunden gar nicht oder nur schwer erkennen können.
Viele langjährige Mehrhundehalter oder Menschen, die mit Hundegruppen arbeiten, wie z. B. professionelle Dogwalker, sagten hingegen begeistert: „Ja, das ist mir auch so aufgefallen!" und sendeten uns ihrerseits Material über beobachtete Abbruchsignale zu. Dorit Feddersen-Petersen (2008) schreibt:

„Soziales Verhalten und Kommunikation bedingen einander. Je komplexer die sozialen Strukturen innerhalb einer Gruppe sind, desto subtiler und differenzierter ist die Kommunikation, die Sozialverhalten reguliert."

Als ein solches soziales Regulativ dienen unter anderem auch Abbruchsignale. Dennoch sei hiermit deutlich darauf hingewiesen, dass Abbruchsignale selbstverständlich nur einen sehr kleinen Teil der innerartlichen Kommunikation von Haushunden ausmachen und zudem, je nach Signal, un-

terschiedlich häufig gezeigt werden können. So sind innerhalb von stabilen gemischten Hundegruppen manche Abbruchsignale oft und gut zu beobachten, wie z. B. das Wegschnappen, andere wie etwa der Nackenstoß sind deutlich seltener zu sehen und aufgrund der meist überfallartigen schnellen Ausführung auch schwerer zu dokumentieren. Eine ebenfalls nicht zu unterschätzende Schwierigkeit beim Beobachten und Dokumentieren von Abbruchsignalen ist, dass häufig nur die schwer als solche erkennbaren Reduzierungen, also abgeschwächte Formen der Abbrüche, gezeigt werden.
Während unserer Verhaltensbeobachtungen in den verschiedenen Hundegruppen haben wir festgestellt, dass Abbruchsignale am ehesten dann zu beobachten sind, wenn innerhalb der Gruppe Veränderungen stattfinden.
Diese Veränderungen können z. B. durch die Läufigkeit einer Hündin, durch die soziale Expansion eines Gruppenmitglieds oder durch das „Einrudeln" eines neuen Hundes entstehen.

DIE ETABLIERUNG

Kommt ein neuer Hund in die Gruppe, so besteht eine große Wahrscheinlichkeit, dass einer oder auch mehrere der „alten Hasen" bei dem Neuling situativ einen Abbruch, eine Unterbrechung oder eine Hemmung etablieren. Vor allem dann, wenn der neue Hund ein Junghund ist, der die Gruppenregeln noch nicht kennt oder gar infrage stellt.
Wenn während unserer Langzeitverhaltensbeobachtung einer von uns einen neuen Hund in die Gruppe bekam, waren die Ermahnungen der Kollegen unausweichlich: Bist du gut vorbereitet? Hast du den Schreibblock und die Kamera dabei? Sind die Akkus geladen? Ist die Speicherkarte leer? Denn in sehr vielen der beobachteten Fällen wurde ein Abbruchsignal, wenn überhaupt, nur wenige Male oder gar nur ein einziges Mal gezeigt und dies, nicht zuletzt für unsere Datensammlung, zu dokumentieren, wollten wir natürlich auf keinen Fall verpassen.

DEFINITION EINRUDELN

Das Einrudeln bezeichnet einen bestimmten Zeitraum, in dem ein Hund neu in eine gemischte Hundegruppe kommt. Dieser Zeitraum ist sehr variabel. Man kann einen groben Durchschnittswert von etwa zwei Wochen anwenden, bis der Hund in der Gruppe „angekommen" ist.
Der Zeitraum kann einerseits davon abhängen, wie häufig der neue Hund in der Gruppe mitläuft, und auch andererseits von Persönlichkeit und sozialer Kompetenz des Hundes. (Dogwatcher). Siehe „Warum kommunizieren manche Hunde feiner als andere?")

Drohen und Antwort im Welpenalter

FALLBEISPIEL: FRIDA – CHAD EINMAL UND NIE WIEDER!

Als der junge Ridgebackrüde Chad mit etwa sechs Monaten neu in die Gruppe kam spielte er gern mal „wilde Sau". Da wurde im Eifer des Gefechts auch schon einmal mit Volltempo einer der erwachsenen Hunde angerempelt. Die zu diesem Zeitpunkt statushöchste Hündin Frida, eine etwa vierjährige Landseerhündin, nahm sich dann des „Schnösels" an. Sie wartete einen günstigen Zeitpunkt ab, positionierte sich und verpasste Chad einen kurzen Nackenstoß.

01 Der strenge Blick auf die Annäherung des Akitas kündigt einen Abbruch an.

02 Steigerung in ein offensives Drohen

Danach reichte Fridas Erscheinen auf der Bildfläche und der junge Ridgebackrüde fuhr merklich herunter. Es gab bis zum heutigen Zeitpunkt nur diesen einen Abbruch und obwohl Chad inzwischen selbst zu den Hunden zählt, die bei den Jungspunden Abbruchsignale etablieren, (siehe Fallbeispiel Henry, Seite 28) ist sein Respekt Frida gegenüber ungebrochen.

DIE STEIGERUNG

In stabilen Hundegruppen ist die Steigerung eher selten zu beobachten, aber es gibt immer mal wieder Fälle, wo die Vorstufe eines Abbruchsignals oder auch das Abbruchsignal selbst, vom Empfänger nicht verstanden wird oder einfach nicht verstanden werden will. In diesen Fällen kommt es häufig zu einer Steigerung des Signals.
Als Steigerung kann ein anderes Signal verwendet werden, wie etwa nach dem Kopfauflegen, das Besteigen und schließlich der Nackenstoß (siehe Kapitel 11: „Der Nackenstoß", Seite 130), oder das Signal selbst wird in der Intensität der Ausführung gesteigert. Intensität und Dauer der Steigerung hängt dabei entscheidend von der Antwort des Empfängers ab. (siehe Kapitel 15, „Die Antworten", Seite 174).

DIE REDUZIERUNG

Im Gegensatz zur Steigerung sehr häufig zu beobachten ist das Zeigen der abgeschwächten, also reduzierten Form von Abbruchsignalen.
Einzeln für sich betrachtet sind die Reduzierungen, wie etwa eine schnelle Distanzverringerung, ein Drohen oder lediglich der „strenge" Blick, nur schwer als Abbrüche zu identifizieren. Erst im Gesamtzusammenhang mit vorher gezeigten Abbruchsignalen und vor allem mit den Antworten

03 Distanzvergrößerung und Licking Intention sind die Antworten.

04 Dies führt zu einer Reduzierung der Drohmimik.

der Empfänger wird die Reduzierung deutlich. So wird z. B. ein Rüde, der eine Hündin sexuell motiviert bedrängt, von dieser offensiv drohend weggeschnappt und zeigt daraufhin als Antwort eine Distanzvergrößerung.
Kurze Zeit später nähert er sich der Hündin erneut, diese droht ihn kurz an, indem sie die Zähne bleckt und den Nasenrücken runzelt. Die Antwort des Rüden ist das Abwenden des Blicks und eine leichte Distanzvergrößerung. Die reduzierte Form des Abbruchsignals hat damit funktioniert. Der Rüde hat sein Vorhaben unterbrochen, da er weiß, was kommen könnte, nämlich ein erneutes massives Wegschnappen seitens der Hündin.
Der Hündin wiederum signalisiert die Antwort des Rüden, dass ihr reduziertes Abbruchsignal verstanden wurde und eine Steigerung nicht notwendig ist. Im vorliegenden Fall gab es im Anschluss sogar eine weitere Reduzierung. Ein kaum wahrnehmbares Drohen und ein Blick der Hündin reichten aus, um den Rüden in seinem Vorhaben zu stoppen. 004
Ebenso wie das gesendete Abbruchsignal kann auch die Antwort in reduzierter Form gezeigt werden. Wenn also auf einen Nackenstoß als Antwort eine passive Unterwerfung folgt, so kann später auf einen Blick des Senders (reduziert gezeigtes Abbruchsignal) das Blickabwenden des Empfängers (reduziert gezeigte Antwort) ausreichen, um die jeweilige Situation zu klären.

FLIESSENDE ÜBERGÄNGE UND SPRÜNGE

Etablierung, Steigerung und Reduzierung – ist das der Weg zum Abbruch? So wenig wie es **den Hund** oder **das Verhalten** gibt, so wenig gibt es **den Weg** zum Abbruch.
Selbstverständlich kann ein bereits etabliertes Abbruchsignal situativ erneut gesteigert werden, bevor es anschließend wieder reduziert gezeigt wird. Möglich ist auch, dass ein Hund von sich aus gar keine Abbruchsignale mehr zeigt, obwohl er dies vorher häufig getan hat. Oder ein Abbruchsignal wird so zögerlich und unentschlossen gezeigt, dass etwas ganz anderes als die ursprüngliche Intention des Senders dabei herauskommt. In anderen Fällen wird ein Signal gezeigt, das gar keinen Abbruch zur Intention hat, auch wenn es so aussieht (siehe Kapitel 17, „Abbrüche im Spiel", Seite 188).

ETABLIEREN VON ABBRUCHSIGNALEN AM BEISPIEL HENRY

Glücklicherweise kam Henry genau während des Zeitraums unserer Datenerfassung zu den Abbruchsignalen neu in eine unserer großen gemischten Hundegruppen. So konnte dieses außergewöhnlich komplexe Fallbeispiel ausführlich dokumentiert werden, sowohl schriftlich als auch per Videoaufzeichnung.
Henry, ein zu diesem Zeitpunkt elfmonatiger intakter Golden-Retriever-Rüde, kam aus einer anderen Gruppe, in der er nur schwer zu kontrollieren war. Henry fiel dort vor allem durch mangelnde Impulskontrolle, eine allgemein hohe Erregungslage (oft sexuell motiviert), niedrige Frustrationstoleranz sowie ressourcenbedingte Aggression auf. Es war also zu erwarten, dass Henry sich nicht so einfach von allein in die neue Gruppe integrieren würde.
Die große gemischte Gruppe bestand während des Beobachtungszeitraums meist aus 15 bis 17 Hunden. Der Fokus wurde auf vier statushohe Hunde aus der Gruppe gelegt, von denen wir am ehesten Erziehungsmaßnahmen erwarten konnten.

Die Protagonisten der Gruppe

- Kuba: Pyrenäenberghündin, intakt, 3 Jahre alt
- Haku: Akitarüde, intakt, 2,5 Jahre alt
- Chad: Ridgebackrüde, intakt, 3 Jahre alt
- Bruno: Vizslarüde, kastriert, 5 Jahre alt

Besteigen? Kopfauflegen? Nackenstoß? Nein, nur ein buntes, spielerisches Durcheinander.

Ankunft in der Gruppe und Ersteindruck

Henrys erster Auftritt in der großen Gruppe war geprägt von nahezu größenwahnsinniger Ignoranz. Normalerweise ließen sich selbst gestandene Hunde zu Beginn von der Gruppengröße oder spätestens aber durch die Kontrollversuche seitens der „alten Hasen" beeindrucken – nicht so der gerade 11 Monate alte Golden Retriever. Mit erhobener Rute stapfte er durch die Gruppe setzte hier ein Spiel an, belästigte dort eine Hündin, knurrte einen kleinen Terrier an, der ihm zu nahe kam, und übersah bei alldem geflissentlich die eindringlicher werdenden Kontrollblicke der erwachsenen statushohen Hunde der Gruppe.

Kuba

Die Pyrenäenberghündin reagierte vor allem auf die sexuell motivierte Annäherung durch den Golden Retriever. Nach kurzem Drohen schnappte sie Henry offensiv weg. Da Henry sie nach kurzer Unterbrechung erneut bedrängte, steigerte die Hündin, indem sie nachsetzte, ihn verfolgte und erneut wegschnappte, diesmal mit Kontakt.
Als weitere Steigerung brachte sie ihn durch Umrempeln zu Boden, was der Rüde mit submissivem Verhalten beantwortete. Ab der zweiten Woche brauchte sie ihn nicht mehr umzurempeln oft reichte schon das Drohen als Vorstufe des Wegschnappens. 005

01 Sich-Kleinmachen als vorweggenommene Antwort auf die Annäherung

02 Übermütige Annäherung wird gehemmt.

03 Angedeutete Antwort führt zur Reduzierung.

Haku

Der Akitarüde versuchte Henry vor allem zu stoppen. Die Aussage war „beweg dich und ich butter dich unter!" Er begann in der Regel mit offensivem Drohfixieren, brachte sich in Position und setzte einen hart und schnell ausgeführten Nackenstoß an. Henrys Antwort war submissiv bis hin zur Unterwerfung. 006
In der zweiten und dritten Woche war bereits eine Reduzierung zu erkennen. Haku brachte sich zwar noch in Position, brauchte den Nackenstoß aber nicht mehr anzusetzen. 007

Chad

Der Ridgebackrüde wählte eine etwas andere Strategie. Er versuchte Henry in Bewegung zu bringen und dann zu überfallen. Schaffte er es durch Drohfixieren oder Scheinangriff, den Golden Retriever in Bewegung zu bringen, rempelte er ihn überfallartig um und versuchte ihn mit seinem Körpergewicht zu Boden zu drücken. Die Antwort Henrys war zunächst submissiv, dann versuchte er sich unter defensivem Protest zu entziehen. 008
Auch bei Chad war in der dritten Woche eine Reduzierung zu beobachten.
So näherte er sich dem Golden Retriever zwar noch schnell an, rempelte ihn aber nicht mehr um. 009

Bruno

Der Vizsla versuchte Henry immer wieder durch Querlaufen und T-Positionen einzuschränken, dies meist zögerlich ausgeführt. Als Antwort zeigte Henry Spielaufforderungen und bestieg den kastrierten Rüden. Daraufhin schnappte Bruno ihn offensiv weg. 010
In einigen Fällen versuchte Bruno den Golden Retriever zu besteigen und runterzudrücken, was ihm aber selten und wenn, dann nur sehr kurz gelang. 011
Auffällig war, dass es zwischen Bruno

01 Hier stalkt der Akita Inu noch den jungen verunsicherten Rüden.

02 Frontales Wegverstellen mit beginnender offensiver Drohmimik

03 Der Spieß wurde umgedreht, jetzt wird der Akita gestalkt.

und Henry zu fast keinen Reduzierungen kam. Man könnte eher sagen, dass die Kommunikation zwischen ihnen sehr ritualisiert ablief. Brunos Abbruchversuche liefen meist ins Leere.

Fazit

Es war insgesamt schnell zu erkennen, dass sich Henry durch die große Hundegruppe deutlich weniger beeindrucken ließ, als dies üblicherweise bei Neuankömmlingen der Fall ist. Auch die statushohen und sozial sehr kompetenten Mitglieder der Gruppe mussten Abbruchsignale auffallend deutlicher etablieren, als das sonst nötig war. In einem Fall, nämlich zwischen Bruno und Henry, funktionierte die Etablierung gar nicht.

Trotz der anfangs vermuteten Unfähigkeit des Golden Retrievers innerartlich fein genug zu kommunizieren, zeigten die meisten der etablierten Abbruchsignale dennoch Wirkung.

Dies war vor allem daran zu erkennen, dass schon in der zweiten und dritten Woche durch Kuba, Haku oder Chad reduziert gezeigte Abbruchsignale bei Henry zu den erwarteten Antworten führten.

KOMMUNIKATION
— *wichtige Grundlagen*

WIE FUNKTIONIERT KOMMUNIKATION?

An dieser Stelle möchten wir ein paar der wichtigsten Grundlagen zur Kommunikation erläutern, die für unsere Arbeit und dieses Buch Bedeutung haben.

GRUNDPRINZIPIEN DER KOMMUNIKATION

Vier wichtige Grundbegriffe, die auch immer wieder in diesem Buch vorkommen sind: Sender, Empfänger, Signal und Information. Das Grundprinzip der Kommunikation lautet: Der Sender übermittelt eine Information mithilfe eines Signals an einen Empfänger.
Nehmen wir ein einfaches Beispiel:
Ein Kind möchte eine Straße überqueren und es kommt ein Auto. Die Mutter ruft „Stopp!". Damit hat sie als Sender eine Information „Geh nicht weiter" mithilfe eines Signals „Stopp!" an einen Empfänger übermittelt. Zum einen müssen natürlich die körperlichen Voraussetzungen erfüllt sein, das Signal zu senden und zu empfangen (in diesem Fall wären das die Stimmbänder, Ohren, etc.).
Zum anderen muss das Signal auch in der vorhandenen Umgebung funktionieren. Sollte der Verkehrslärm lauter sein, als der Ruf der Mutter kann das Kind das Signal nicht empfangen.
Dies ist ein Beispiel für eine akustische Kommunikation. Natürlich gibt es auch noch andere Kommunikationskanäle, wie z. B. die chemische Kommunikation mittels chemischer Stoffe (z. B. Markieren) oder optische Kommunikation über Handzeichen oder Körpersprache. Letztere ist für unsere Hunde von großer Bedeutung. Wäre in unserem Beispiel der Verkehrslärm so laut, dass das Signal nicht ankommt, könnte die Mutter intensiver (hier: lauter) werden oder zu einem anderen Kommunikationskanal wechseln und das Kind z. B. einfach festhalten (taktile Kommunikation).
Nehmen wir nun aber an, dass das Kind in der Lage ist, das Signal zu hören. Dann gibt es immer noch einen sehr wichtigen Punkt. Das Signal muss von dem Kind auch verstanden werden. Das bedeutet, es muss gelernt haben, dass „Stopp" bedeutet, dass es stehen bleiben soll. Würde die Mutter andererseits z. B. nur erschrocken „AAAAAHHHHHH!" rufen, ist die Wahrscheinlichkeit deutlich geringer, dass das Kind auch stehen bleibt.
Für die Kommunikation und die Informationsübertragung ist es sehr wichtig, dass sich Sender und Empfänger verstehen. Das bedeutet, dass sie das Signal möglichst identisch interpretieren. Wenn man sich allein die Missverständnisse ansieht, die immer wieder in der menschlichen Kommunikation passieren, kann man erahnen, dass das nicht immer ganz so einfach ist.

☞ BEISPIELE FÜR KOMMUNIKATIONSKANÄLE BEI HUNDEN UND IHRE VERWENDUNG IM BEREICH DER ABBRÜCHE

Visuelle Kommunikation	Akustische Kommunikation	Taktile Kommunikation
Hierzu zählen Signale, die man sehen kann, wie z. B. das Lefzen-nach-oben-Ziehen beim Drohen.	Hörbare Signale, wie z. B. Bellen und Knurren, gehören zur akustischen Kommunikation.	Berührungen, gegenseitige Fellpflege (Grooming) etc. werden zur taktilen Kommunikation gezählt.
T-Position, Frontales Wegverstellen, Drüberstehen, Scheinangriff, Wegschnappen	Immer wieder werden Abbruchsignale in Verbindung mit Knurr- oder Belllauten gezeigt.	Kopfauflegen, Nackenstoß, Schnauzgriff, Umrempeln, Besteigen, Wegschnappen

Der Blick kommt an, das verrät uns die Licking Intention des Wolfhundes.

ENTSCHLÜSSELUNG VON SIGNALEN

Es kann bei der Entschlüsselung von Signalen eine angeborene Komponente geben, aber je komplexer die Kommunikation wird, desto mehr muss die Bedeutung von Signalen gelernt werden. Ebenso wie Kleinkinder lernen Hunde ihre „Muttersprache" anfangs im Familienverband, später im größeren Kreis (Kindergarten/Welpengruppen, andere Artgenossen etc.). Dies passiert im optimalen Fall eher früh in der individuellen Entwicklung (Ontogenese). Aber auch später können Hunde von anderen Hunden lernen, was bestimmte Signale bedeuten und eventuell sogar welche Reaktion von Vorteil ist.

Es wäre schön einfach, wenn alle nun genau dasselbe lernen würden. Signal A bedeutet X und Signal B bedeutet Y. Aber ganz so einfach ist es leider nicht. Sehen wir einmal von Dialekten und Sprachen ab, gibt es immer noch einige Gründe wie soziale und individuelle Unterschiede, die die Verständigung erschweren können.

Insider z. B. können nur die Mitglieder einer bestimmten Gruppe auf dieselbe Art und Weise entschlüsseln. Das finden wir auch bei Hunden. Wie oft hören wir als Trainer Geschichten von zwei „wirklich besten Freunden" (Hunde), die „ganz besonders toll" miteinander sind. Sätze wie: „Das darf nur der Paul bei meinem!" fallen sehr oft in diesem Zusammenhang.

Aber auch Sprachfehler können die Kommunikation sehr erschweren. Hierbei kommt es natürlich auf den Grad der Beeinflussung an. Während man die meisten Menschen, die lispeln, noch recht gut verstehen kann, gibt es Sprachfehler, die es einem fast unmöglich machen, den anderen zu verstehen. Aufgrund mancher körperlicher Merkmale kann man bei der einen oder anderen Hunderasse ebenfalls von angeborenen Sprachfehlern sprechen, z. B. bei Hunden ohne Rute bzw. mit einer sehr verkürzten Rute, bei Hunden, die ihre Lefzen nicht mehr richtig nach oben bewegen können etc.

Hunde mit solchen Merkmalen können durchaus kommunizieren. Aber eben eingeschränkter und zum Teil anders, was u. a. wiederum zu mehr Missverständnissen führen kann (siehe „Rassedisposition").

Zu guter Letzt sei erwähnt, dass Kommunikation ja auch noch zwischen den Zeilen stattfinden kann.

Wenn man nun eine Sprache lernen möchte, für die es keine Wörterbücher und Lehrgänge gibt, kann die Reaktion des Empfängers ein entscheidender Baustein beim Entschlüsseln dieser Nachricht sein. Daher sind die Antworten in unserer Arbeit ein sehr wichtiger Teil.

Übertriebener Ausdruck im Spiel

Situativ ernstgemeinter Protest während eines Spiels

AXIOME ZUR KOMMUNIKATION

Ein bekannter und oft zitierter Kommunikationswissenschaftler namens Paul Watzlawick hat fünf Axiome (Regeln/Behauptungen) zur Kommunikation aufgestellt. Drei davon wollen wir an dieser Stelle noch kurz beleuchten, da sie für unsere Arbeit sehr wichtig sind.

Das erste Axiom besagt, dass man nicht nicht kommunizieren kann. Das heißt, auch wenn ich den Sender ignoriere, ist in meinem Ignorieren ja auch wiederum eine Information enthalten, die der Sender verstehen kann, und damit wird auch dabei eine Information übertragen. Das bedeutet, wenn ich jemanden, der mich anspricht, ignoriere (obwohl ich es wahrgenommen und verstanden habe), dann ist das Ignorieren auch ein Signal mit dem Inhalt: Ich rede nicht mit dir. Also auch Ignorieren ist Kommunikation – und Hunde können sehr gut ignorieren.

Wenn wir uns das dritte Axiom einmal genauer ansehen, besagt es vereinfacht, dass Kommunikation kreisförmig ist. Denn wenn nun ein Sender ein Signal übermittelt, das vom Empfänger entschlüsselt wird, so wird der Empfänger eine Reaktion zeigen und damit seinerseits eine Information übertragen. Damit tauschen sie die Rollen und der Empfänger wird zum Sender und der Sender zum Empfänger. Der Empfänger zeigt wieder eine Reaktion, damit tauschen sie wieder die Rollen und so kann es immer weitergehen.

Beim fünften Axiom geht es um Hierarchien. Bei einer symmetrischen Kommunikation sind die Partner auf Augenhöhe, z. B. gute Freunde, der Hundekumpel aus dem Park etc.

Die komplementäre Kommunikation beschreibt die Kommunikation von Partnern, zwischen denen eine Hierarchie besteht. Gerade Letzteres spielt für unsere Abbruchsignale immer wieder eine große Rolle. Denn wer darf denn wem Grenzen setzen?

ABWANDLUNG DER BEGRIFFE

Wie erwähnt haben uns diese Axiome bei unserer Arbeit viel begleitet und man kommt beim Thema Kommunikation auch immer wieder auf diese Regeln zurück. Doch trotzdem haben wir in diesem Buch die in der Kommunikationswissenschaft üblichen Begrifflichkeiten leicht abgewandelt, um das Verständnis zu erleichtern:

Unabhängig davon, wer gerade eine Information überträgt, wird in diesem Buch immer der Hund als Sender bezeichnet, der im Lauf der Kommunikation das Abbruchsignal sendet, und als Empfänger immer derjenige, der es empfängt.

Würden wir bei den Erklärungen immer diese Rollen wechseln, wie oben beschrieben, würde am Ende keiner mehr wissen, wer welches Verhalten gezeigt hat. Nehmen wir an, ein Welpe nähert sich seiner Mutter mit aktiver Unterwerfung, erst ignoriert sie ihn, aber nach einer Weile und nachdem er sie mehrmals angestubst hat, greift sie mit ihrer Schnauze über seine. In diesem Beispiel wären sowohl Mutter als auch Welpe mehrfach Sender und Empfänger von Signalen. Da aber die Mutter das Abbruchsignal (hier den Schnauzgriff) zeigt, bezeichnen wir sie hier in diesem Buch durchgehend als Sender und den Welpen als Empfänger. Die Wissenschaftler mögen uns diese kleine Definitionsanpassung nachsehen – sie dient lediglich dem besseren Verständnis in diesem Buch.

Hier besteigt eine Hündin einen Rüden sexuell motiviert.

Dieser Hund verfügt über mannigfaltige Ausdrucksmöglichkeiten.

WARUM KOMMUNIZIEREN MANCHE HUNDE FEINER?

Es gibt immer wieder Hunde, die scheinbar „mit allem durchkommen". Diese Hunde kommen auch in Hundegruppen rein und laufen sofort mit, als wären sie schon immer dabei gewesen. Sie scheinen intuitiv zu wissen, wie sie sich den anderen gegenüber benehmen müssen und bei wem sie wie weit gehen können. Eine Etablierung von Abbruchsignalen ist bei diesen Hunden äußerst selten, meist sind sogar keine Abbruchsignale zu sehen. Bei genauerem Hinsehen fällt einem auf, dass oft nur Reduzierungen (siehe Seite 26) gezeigt werden. Diese Hunde scheinen feine Signale wahrzunehmen und auch direkt darauf zu reagieren. Aber das gilt nicht nur für die Reaktionen auf ein Abbruchsignal. Es gibt auch Hunde, die Grenzen scheinbar mit minimalem Aufwand setzen können. Sie setzen ihre Belange klar und angepasst an Empfänger und Situation durch, zeigen so viel wie nötig, aber so wenig wie möglich.

Dass manche Hunde besser oder schlechter als andere darin sind, bestimmte Signale zu senden bzw. zu entschlüsseln, kann ganz verschiedene Ursachen haben.

RASSEDISPOSITION

Rassespezifische Unterschiede und menschliche Zuchtauswahl haben sich selbstverständlich auch auf die innerartliche Kommunikation ausgewirkt. So gibt es Rassen, die aufgrund ihres gewünschten Exterieurs körperlich beeinträchtigt sind. Sie können bestimmte feine Signale nicht mehr oder nur noch unzureichend senden, Dorit Feddersen-Petersen spricht hier von Ausdrucksverkümmerung (Feddersen-Petersen, 2008). Feinheiten sind für den Empfänger dementsprechend nur schwer oder nicht zu erkennen. Ein gutes Beispiel wäre hier die Drohmimik sehr kurznasiger Rassen (wie z. B. der Französischen Bulldogge, Mops etc.). Selbst wenn sie den Nasenrücken runzeln möchten, können sie es nicht, zumindest nicht so, dass ein Empfänger dieses Signal ausreichend entschlüsseln könnte.
Aber dieser Zuchteingriff wirkt sich nicht nur optisch aus. So berichtet Erik Zimen von seinem Jagdterrier Pfiff, der scheinbar ohne Sinn und Verstand einen eigentlich überlegenen Hund immer und immer wieder angriff, sodass er ohne menschliches Eingreifen wohl sein Leben verloren hätte. Nach dem ersten überzeugenden Gegenangriff hätte er den Schauplatz des Kampfes verlassen können – dies tat er aber nicht – er konnte einfach nicht aufhören (Zimen, 1988). Es ist bei einem Jagdterrier eben nicht gewollt, dass er aufgibt, wenn die Beute sich wehrt.

Durch Selektion verursachte Degeneration der kommunikativen Fähigkeiten

01 Übertriebene Intensität im Spiel…

INDIVIDUAL-ENTWICKLUNG

Die allermeisten Haushunde haben im Zug ihrer frühen individuellen Entwicklung Abbruchsignale kennengelernt und zwar schon als Welpe von der eigenen Mutter. Man kann mit Sicherheit davon ausgehen, dass eine souveräne, erfahrene Mutter ebenso wie ein stabiles soziales Umfeld in den ersten Wochen für die Entwicklung der eigenen sozialen Kompetenz förderlich ist.

Lebt ein Hund, der unter diesen Voraussetzungen aufgewachsen ist, dann noch mit anderen Hunden zusammen oder ist regelmäßig in einer stabilen Hundegruppe unterwegs, so ist die Chance sehr groß, dass dieser Hund, da er sehr häufig sozial interagiert, andere Hunde gut lesen und damit einschätzen kann.
Es ist auch zu vermuten, dass eine sehr frühe Abgabe der Welpen zu sozial unsicheren Hunden führen kann, während Welpen, die erst mit der 10. oder gar 12. Woche abgegeben werden, oft einen

04 Der folgende Scheinangriff wird wiederum durch…

02 *... führt zum Umdrehen ...*

03 *... und zu offensivem Protest.*

emotional stabileren Eindruck hinterlassen. Nur weil die 8. Woche der frühestmögliche legale Zeitpunkt zur Welpenabgabe ist, muss dies noch lange nicht der beste Zeitpunkt sein.

PERSÖNLICHKEIT

Die individuelle Persönlichkeit des Hundes ist ein weiterer wichtiger Faktor für die Fähigkeit, besonders fein zu kommunizieren, oder eben auch nicht.

05 *... strengen Blick und Drohen beantwortet.*

So kann der misstrauische, introvertierte Einzelgänger unter Umständen genauso gut in der Gruppe zurechtkommen, wie der gesellige, feinfühlige und empathische Hund, aber die Wahrscheinlichkeit, dass letzterer viel häufiger sozial interagiert und damit letzten Endes die Grundlage legt, feiner nuanciert zu kommunizieren, ist sehr hoch.

SYMPATHIE/ FREUNDSCHAFT

Viele, die mit gemischten Hundegruppen arbeiten, aber auch Mehrhundehalter wissen es schon lange: Es gibt sie unter Hunden, die Bevorzugung bestimmter Spielpartner (Sympathie) und auch die Bevorzugung bestimmter Bindungspartner (Freundschaft). Wenn man sich gut kennt oder gar befreundet ist, kann man natürlich auch feiner kommunizieren, ähnlich wie beim Menschen. Man kennt den anderen, braucht weniger Signale, darf sich andererseits aber auch mehr herausnehmen, mal über die Stränge schlagen, was man einem Fremden gegenüber so nicht tun würde. Auch durch die gesteigerte Häufigkeit des Interagierens wird die Kommunikation verfeinert. Das Hin und Her zwischen Sender und Empfänger wird also immer wieder geübt und immer weiter verbessert.

01

02

03

VERTRAUTHEIT

In stabilen, gemischten Hundegruppen, ähnlich wie in Wolfsrudeln, finden wir in der Regel eine fein abgestufte Kommunikation. Oft reichen minimale Drohsignale, um den Empfänger in seiner Handlung zu hemmen, zu unterbrechen oder abzubrechen.
Aber Vertrautheit muss im Gegensatz zu Sympathie oder Freundschaft nicht unbedingt soziopositiv sein. Man kennt sich sehr gut und kann sich einschätzen. Das kann auch unter Konkurrenten oder gar miteinander verfeindeten Hunden der Fall sein. Oft ist die gute Einschätzung des anderen ein Vorteil, wenn es darum geht, eine Eskalation zu vermeiden, aber auch, um eventuell eigene Interessen gegenüber den anderen durchzusetzen. Auch bei der Vertrautheit ist die Häufigkeit des Interagierens ein entscheidender Vorteil für die fein abgestufte Kommunikation.
Wenn man nun generell damit anfängt, Hunde auch unter dem Aspekt der Abbruchsignale zu beobachten, werden einem die Unterschiede in den Feinheiten der Kommunikation schnell auffallen.

FALLBEISPIEL: HAKU – CHAD

Haku, ein intakter Akitarüde, und Chad, ein etwa gleichaltriger und intakter Ridgebackrüde, kamen etwa zur gleichen Zeit neu in eine der großen gemischten Gruppen. Haku und Chad sind bis zum heutigen Zeitpunkt Konkurrenten – Freunde werden sie garantiert nicht mehr.

Trotz etlicher angespannter Situationen, zum Beispiel während der Läufigkeit einer Hündin, gab es nicht eine ernste Auseinandersetzung zwischen den beiden Rüden. Oft liefen sie imponierend umeinander herum und tauschten durchaus ernste Blicke aus, aber keiner von beiden legte es auf eine Eskalation an, sicher auch mit der Gewissheit, dass der jeweils andere ein durchaus sehr ernstzunehmender Gegner war. Es wurde jeweils nur so viel imponiert bzw. auch gedroht, dass es für den jeweils anderen noch einen Ausweg gab. Durch die Vertrautheit zwischen Haku und Chad können sie sich bis zum heutigen Tage gegenseitig sehr gut einschätzen. Dazu bedarf es weder Sympathie noch Freundschaft. Man kennt sich eben und das sehr genau!

04

05

EINE NEUE WELT

Je mehr wir die Abbruchsignale zu verstehen schienen, desto mehr hatten wir das Gefühl, dass sich gerade eine weitere Tür zu einem besseren Verständnis unserer Hunde öffnet. Auch wenn wir bemüht waren und bemüht sind, unsere Beobachtungen in statistisch analysierbare Daten und Fakten zu bringen, so haben in diesem Buch auch ein Stück weit das Bauchgefühl und die Interpretation Platz, denn diese haben uns erst auf die Idee gebracht, das Thema näher zu betrachten. Es lässt sich eben nicht alles in Zahlen und Fakten einteilen.

01 Der Akitarüde ist an der Pyrenäenberghündin interessiert.

02 Der Ridgeback versucht, ihn durch Querlaufen abzudrängen.

03 Er schiebt sich vor den Akita und berührt ihn dabei fast.

04 Der Akitarüde wendet leicht den Kopf ab.

05 Der Ridgeback ist offensichtlich noch nicht fertig. Die gesamte Sequenz dauerte keine drei Sekunden.

VON DER IDEE ZUR STUDIE

Die Idee, dass es überhaupt so etwas wie Abbruchsignale gibt und man diese unterscheiden kann, verdanken wir nicht zuletzt einem Gedankenanstoß von Günther Bloch und einem Video, das er auf einem seiner Seminare zeigte (siehe Seite 45)

BEOBACHTUNG UND DATENERHEBUNG

Nachdem wir angefangen hatten, auf die Abbruchsignale zu achten und sich dadurch für uns verstärkt die Kontexte herauskristallisierten, fielen uns diese Signale vermehrt auf. Zum einen waren uns viele dieser Signale vorher nicht in so einem Zusammenhang aufgefallen und zum anderen fingen wir an, viel mehr darauf zu achten.

Aber natürlich besteht, gerade wenn man so begeistert an die Arbeit geht und so überzeugt von einer Idee ist wie wir, auch die Gefahr, dass man Dinge sieht, die man sich wünscht und nicht mehr ganz so objektiv beobachtet. Man fängt oft an, die Beobachtungen unbewusst zu beeinflussen. Daher haben wir aufgrund unserer umfangreichen Vorbeobachtungen oben bereits erwähnte Annahmen formuliert:

1. **Unterschiedliche Abbruchsignale haben verschiedene Bedeutungen.**
2. **Das Abbruchsignal wird je nach Kontext instrumentell eingesetzt.**

Um nun also unsere langjährigen Beobachtungen und Analysen objektiv und statistisch auszuwerten, haben wir mit einheitlichen und selbst entwickelten Datenaufnahmebögen über mehrere Monate eine wissenschaftliche Datenaufnahme durchgeführt. Da Hunde selbstverständlich nicht nur über Abbruchsignale miteinander kommunizieren und wir gerade im vertrauten Kontext oft nur Reduzierungen sehen, haben wir den Zeitraum etwas länger gewählt. Dabei wurden folgende acht Signale aufgenommen: Nackenstoß, Kopfauflegen, Schnauzgriff, T-Position, Wegschnappen, Drüberstehen, Besteigen und Scheinangriff.

Das Umrempeln und Frontalstehen haben wir erst später in unsere Beobachtungen aufgenommen und daher nicht mehr in die Studie integriert. Aber auch die Kontexte (= die vorausgehende Situation), Antworten der Empfänger und einige Daten mehr wurden notiert.

AUSWERTUNG

Mittlerweile haben wir über 1.200 Abbruchsignale ausgewertet. Das mit Abstand häufigste Abbruchsignal war das Wegschnappen (siehe Abbildung, Seite 47).

Ausgewertet wurden unter anderem zu den untersuchten Abbruchsignalen nicht nur die entsprechenden Kontexte, sondern auch die jeweiligen Antworten der Empfänger.

☞ DIE ENTSTEHUNG DER IDEE

Manchmal – wenn man es am wenigsten erwartet – begegnen einem Dinge, von denen man noch gar nicht weiß, wie sehr sie einen zukünftig beeinflussen.

EIN SEMINARBESUCH MIT FOLGEN

Es war ein Seminar von Günther Bloch, eines von vielen, die wir im Lauf der letzten Jahre besucht hatten. Wir waren neugierig, gut gelaunt und folgten all den neuen Dingen, die Günther auch dieses Mal wieder im Gepäck hatte. Es waren die kleinen Nebensätze, die kleinen Anekdoten, die der Ur-Kölner Wahlkanadier in seine Fakten einfließen ließ, die kleinen Diskussionen, die immer wieder neue Denkansätze herausforderten, die uns faszinierten und im Lauf der Jahre war er nicht nur Mentor, sondern auch Freund geworden.
Diesmal war es eins von seinen vielen Videos, die er bei seinen Wolfsbeobachtungen gemacht hatte. An einem Straßenrand im Benff National Park geparkt, hatten er und seine Frau Karin einen Wolfswelpen mit seinem Kindermädchen entdeckt.
Auch ein weiteres Auto hatte gehalten und die Insassen beobachteten das Treiben dieses Welpen. Völlig unbeeindruckt tobte der Kleine umher, doch als er im Spiel zu dicht an das zweite Auto kam, packte ihn sein Kindermädchen mit der Schnauze über den Rücken und das Spiel stoppte. Dasselbe „Über-den-Rücken-Greifen" zeigte auch wenig später ein weiterer Wolf bei dem erneut übermütigen kleinen Kerl und seine Handlung stoppte wieder.
Günther bot damals als eine mögliche Erklärung an, dass das von dem Tragen der Welpen kommen könnte, da diese dann in eine Art Starre verfallen, wenn sie so gehalten werden. 012
Von dem Tag an arbeitete es vor allem in Thomas' Kopf. War das nur bei Wölfen so? Aus seiner eigenen Erfahrung als Züchter und von Beobachtungen bei befreundeten anderen Züchtern kam ihm das bekannt

Günther Bloch beim Internationalen Canidensymposium Wolf & Co 2017 in Berlin

vor. Aber keine der Hündinnen hatte je die Welpen getragen. Zur selben Zeit war in der „gemischten Hundegruppe mit rudelähnlichen Strukturen" von Thomas ein junger Husky-Mix-Rüde. Gerade in die Pubertät gekommen, strebte er nun nach der „Weltherrschaft", was sicher keinen Hundehalter verwundern wird. Von einem Tag auf den anderen wurde dieser Welteroberer nun plötzlich von einem älteren Ridgebackrüden über den Haufen gerannt. Unerwartet, ohne erkennbaren Grund, überfallartig. Das geschah lediglich an zwei, drei aufeinanderfolgenden Tagen. Jedes Mal war Loui, der junge Husky-Mix-Rüde völlig überrascht und beeindruckt und zeigte sich deutlich submissiv dem älteren Antar gegenüber.

Noch war Thomas nicht wirklich klar, was da vor sich ging und dass das einen direkten Zusammenhang mit dem Video von Günther haben könnte. Schließlich war Loui kein Welpe und sollte auch sicher nicht getragen werden. Deshalb gibt es auch keine Videos aus dieser ersten Phase. Aber bereits am dritten Tag verändert sich dann die Annäherung von Antar an Loui. Sie war langsamer, deutlich von der Seite im stumpfen Winkel. Doch Loui wurde nicht umgerempelt. Im Gegenteil Antar packte ihn auf Höhe der Schulter und versuchte, ihn umzuziehen, auch mithilfe der Pfote. Diesen Ansatz hatten wir auch im Video von Günther bemerkt. Loui sträubte sich zwar, beendete jedoch seine Aktivitäten, hielt still und zeigte sich wieder submissiv.

Jetzt liefen die Murmeln im Kopf schneller als bei jeder Lottoziehung: Natürlich, dass war bei den Hündinnen auch so zu sehen. Wenn ein frecher Ausreißer sich der täglichen Körperpflege entziehen wollte, packte Mama ihn vorsichtig über den Rücken, zog ihn um und duldete keine Ausflüchte, bis die Prozedur der Bauchmassage etc. absolviert war.

Doch zurück zu unseren Protagonisten Antar und Loui. Die Phase des Umziehens dauerte wieder ganze zweit bis drei Tage, wurde vielleicht nur vier- bis fünfmal gezeigt und tauchte nie wieder im Umgang der beiden auf. Doch die Annäherung von der Seite blieb. Nur jetzt legte Antar lediglich den Kopf auf. Die Antwort von Loui war wiederrum dieselbe: Aktivität beenden, stillstehen mit leicht submissiver Körperhaltung.

Die anschließende Woche der ersten Diskussionen von uns Dreien fassen wir wohl lieber zusammen. Thomas kam sich vor, als hätte er von der Entdeckung eines Ufos erzählt, Lars sagte: „Bei mir in der Gruppe ist das aber anders. Yuno macht das so...!" und Biologin Marion wandte ein: „Das könnt ihr so nicht behaupten. N = 1 = Mülltonne."

UNTERSCHIEDLICHE ABBRUCHSIGNALE?

Das Ende vom Lied war, dass Lars recht hatte, denn Yuno machte es anders. Ein Video von einem angedeuteten Nackenstoß brachte Klarheit. Leider aber auch noch mehr Unklarheit. Konnte es sein, dass Hunde unterschiedliche Abbruchsignale in verschiedenen Kontexten verwenden?

Nach vielen Monaten des Beobachtens und des Analysierens trafen wir uns ein Jahr später wieder mit Günther auf einem Seminar und stellten ihm unsere ersten Gedanken vor.

Bei einem weiteren Besuch beim Ideenvater in Kanada verwies dieser uns nach eingehender Prüfung unserer „Hirngespinste" an Dorit Feddersen-Petersen. An dieser Stelle möchten wir uns bei beiden für ihre großartige Unterstützung bei unserem Projekt bedanken!

Im nächsten Schritt haben wir die Daten qualitativ und quantitativ ausgewertet. Wir konnten einen starken Zusammenhang sowohl zwischen den Antworten und den Signalen, als auch zwischen den Kontexten und den Signalen nachweisen. Diese Ergebnisse haben wir jeweils bei den einzelnen Signalen genauer beschrieben und interpretiert.

Zusammenfassend kann man sagen: Abbruchsignale haben unterschiedliche Bedeutungen und werden von Hunden kontextbezogen eingesetzt.

Trotz des starken Kontextbezugs unserer Signale sind die Kontexte selbstverständlich nicht exklusiv einem Signal zugeordnet. Ein „Lass mich!“ kann durchaus in mehr als einem Kontext sinnvoll sein. Genauso können auch in einem Kontext mehrere Signale sinnvoll sein. Bei den einzelnen Signalen gehen wir darauf ein, was uns die Kontexte, in denen das jeweilige Signal gezeigt wird, darüber verraten können.
Zudem kommunizieren Hunde individuell und nicht immer alle gleich. Genau das macht es nicht so einfach, grundlegende Tendenzen zu entschlüsseln. Aber genau das macht es auch so spannend.

Zwischenartliches chin resting

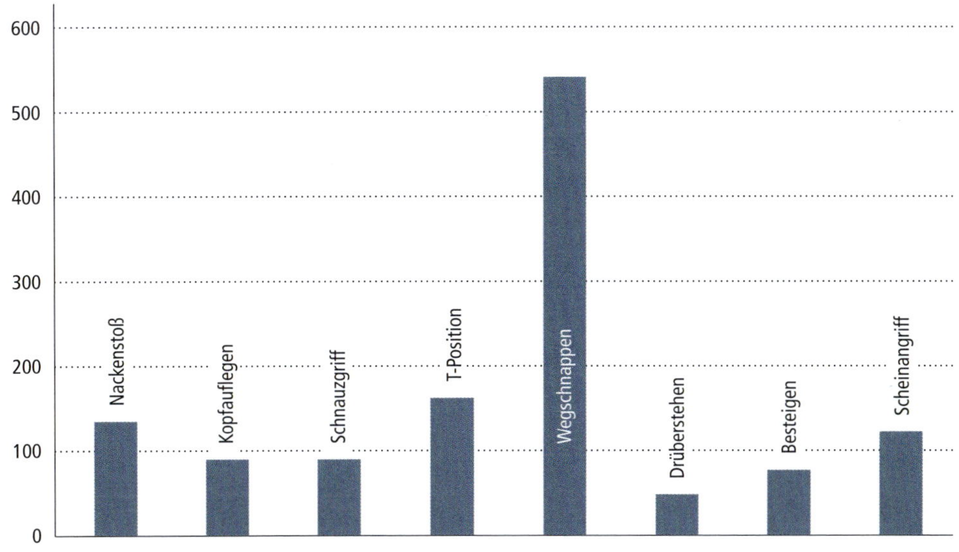

Verteilung der von uns beobachteten Abbruchsignale

DIE SIGNALE

Bevor wir uns den von uns untersuchten Abbruchsignalen im Einzelnen widmen, möchten wir noch ein paar Grundlagen erläutern, die für all diese Signale gelten.

DIE HANDLUNGSNETZE

Die folgenden Beschreibungen der Abbruchsignale gelten für eine Art Idealform, die sich nach all den Beobachtungen herauskristallisiert hat. Für diese Idealform haben wir versucht, einen Ablauf zu erstellen (ähnlich wie beim Jagdverhalten). Allerdings mussten wir schnell feststellen, dass der Ablauf nicht unbedingt linear ist und es mehrere Varianten im Ablauf geben kann. Das, was am Ende herauskam, bezeichnen wir heute als Handlungsnetz. Das Handlungsnetz beschreibt eine mögliche Abfolge beschriebener Signale, die einen abbrechenden Charakter haben können, bis hin zur entsprechenden Endhandlung, dem eigentlichen Abbruchsignal. Für jedes Handlungsnetz gilt, dass der Ablauf an jedem beliebigen Punkt stoppen kann, es muss nicht bis zum Ende durchlaufen (siehe „Reduzierung", Kapitel 1, Seite 26). Es sei an dieser Stelle auch erwähnt, dass solche Reduzierungen weitaus öfter in unseren Beobachtungen vorkamen. Bei manchen Signalen ist der Ablauf so variabel, dass wir kein Handlungsnetz erstellen konnten.
Ein Beispiel für diese Reduzierungen ist der in Kapitel 1 beschriebene „strenge Blick". Dieser Blick ist oft schon ausreichend,

Situativ verbittet sich die Kleine das Gestrampel des Großen.

Ressourcenverteidigung kann zu einem Abbruch führen.

um den Empfänger in seiner Handlung zu stoppen. Dann hat der Blick in diesem Fall einen abbrechenden Charakter bekommen und es kommt gar nicht erst zum eigentlichen Abbruchsignal. Beispiel: Ein Golden Retriever (Sender) hat einen Stock und ein Border Collie (Empfänger) nähert sich. Der Golden Retriever könnte, sobald er wahrnimmt, dass der Border Collie sich nähert, erstmal einen „strengen Blick" zeigen. Würde sich der Border Collie weiter nähern, würde der Golden Retriever vermutlich weitere Signale bis eventuell hin zu einem Abbruchsignal zeigen. Aber sobald sich der Border Collie entfernt, ist die Wahrscheinlichkeit sehr groß, dass der Golden Retriever sich weiter seinem Stock widmet und keine weiteren dieser Signale in Richtung Border Collie zeigt.

Aber natürlich kann es situativ auch vorkommen, dass der Empfänger eines Abbruchsignals keine erwartete Antwort (siehe Kapitel 15, Seite 174) auf Signale aus dem Handlungsnetz zeigt, die vor dem Abbruchsignal kommen und der Sender trotzdem nicht weitermacht. Dies haben wir vor allem beobachten können, wenn die Partner nicht auf Augenhöhe waren, wie z. B. bei Welpen, die dies der Mutter gegenüber versuchen. Fast so, als würden sie sich dann doch nicht trauen.

Ebenso ist es möglich, dass der Sender sein Verhalten steigert, obwohl der andere eine Antwort zeigt, die in der Regel dazu führen würde, dass der Sender aufhört.

Den Auslöser, der die Signalfolge in einem Handlungsnetz starten lässt, haben wir in unseren Grafiken mit einem runden Kreis dargestellt. Im Gegensatz dazu sind die Signale von eckigen Kästen umgeben.

Sexuell motiviertes Besteigen

Eine Spielsequenz ohne erkennbare Elemente aus dem Drohverhalten

VARIABILITÄT

Die Ausführung eines Abbruchsignals ist wie alles andere auch bei Hunden variabel. Abgesehen von den individuellen Unterschieden wie in Kapitel 1 „Feinheiten der Kommunikation" (Seite 38) dargestellt, können z. B. rassebedingte Besonderheiten noch auf eine andere Art und Weise eine wichtige Rolle spielen, denn ein Dackel z. B. hat einfach größenbedingt ein Problem beim Kopfauflegen (= Kopf waagerecht auf den Schulterbereich schieben) bei einer Dogge. Zudem spielt auch die vielleicht schnelle und eventuell vorausschauende Reaktion des Empfängers für die Ausführung der Signale eine Rolle. So kann die Vorwegnahme einer Antwort, aber auch der Versuch sich zu entziehen, mögliche Variationen hervorbringen. Darauf gehen wir bei den einzelnen Signalen noch genauer ein.

Nasenrückenrunzeln und gerunzelte Nase

ALLGEMEINE TENDENZEN

Es gibt **Signale, die aktiv vom Sender ausgehen**, wenn er z. B. etwas wahrnimmt, wie das Eindringen eines Fremden in sein Territorium, oder das grobe Spiel von zwei anderen Hunden. Aber auch **Signale, die eher reaktiv** sind und z. B. gezeigt werden, wenn ein anderer Hund sich nähert oder zu grob ist.

Die **Ausführung** des jeweiligen Signals kann auch für die Intensität wichtig sein. Auch hier geben die Antworten einen guten Hinweis.

Die **Geschwindigkeit** kann ein wichtiges Indiz sein. Bei einigen Signalen spiegelt eine erhöhte Geschwindigkeit auch eine höhere Intensität wieder. Der sehr schnell ausgeführte Nackenstoß ist deutlich beeindruckender als die ausgebremste Variante, die man zudem eher im vertrauten Kontext findet. Das Umrempeln passiert schnell und plötzlich. Aber auch beim Schnauzgriff verstärkt eine schnellere Ausführung die Intensität. Allerdings gibt es auch Signale, bei denen eine **Tempoverringerung** auf eine Steigerung hinweist. So wird das Querlaufen gesteigert, indem es immer langsamer gezeigt wird und sich der Sender somit länger im Blickfeld des Empfängers befindet. Der Schnauzgriff ist sehr variabel und wird nicht nur durch Geschwindigkeit gesteigert, eine eher senkrechte, schnellere Ausführung zeigt eine Steigerung an. Eine Parallele hierzu findet sich auch beim Kopfauflegen (waagerecht), das über das Besteigen bis hin zum Nackenstoß (senkrecht) gesteigert werden kann.

Selbstverständlich gilt das nicht für alle Signale. So ist z. B. das Wegschnappen sehr abhängig von Körpergröße, Positionen und Bewegungen der Hunde. Zudem soll es seitlich treffen, daher würde eine Steigerung über eine senkrechte Variante keinen Sinn machen.

Oft verrät der Blick, wer aktiv die Konfrontation sucht.

☞ BEOBACHTETE SIGNALE AUF EINEN BLICK

	Schnauzgriff	Wegschnappen	Scheinangriff	Umrempeln	T-Position
aktiv/reaktiv	reaktiv	reaktiv	aktiv	aktiv	aktiv
Bedeutung	Bedräng mich nicht so sehr!	Komm mir nicht zu nah! Lass mich in Ruhe! Lass das in Ruhe!	Bleib weg! Hau ab!	Noch Fragen?	Um das oder den hast du dich nicht zu kümmern!
hemmend, unterbrechend oder abbrechend	meist unterbrechend	eher abbrechend	eher abbrechend	eher unterbrechend	meist hemmend oder abbrechend
Fremdkontext/ vertrauter Kontext	eher vertrauter Kontext	beides	beides	beides	beides
körperliche Intensität	schwach – moderat	schwach – moderat	schwach	intensiv	schwach
psychische Intensität	moderat	eher moderat	moderat – intensiv	eher intensiv	eher moderat

Frontales Wegverstellen	Kopfauflegen	Besteigen	Nackenstoß	Drüberstehen
aktiv	aktiv	aktiv	aktiv	aktiv
Du kommst an mir nicht vorbei!	Halt still! Fahr runter! Hältst du schon still?	5 vor 12!	Es reicht! Feierabend!	Hast du es verstanden? Gibst du auf?
meist hemmend – bis zum Stillstand	eher unterbrechend	meist hemmend – bis zum Stillstand	meist abbrechend	meist hemmend – bis zum Stillstand
eher Fremdkontext	beides	eher vertrauter Kontext	eher Fremdkontext	beides
schwach	schwach	moderat – intensiv	intensiv	moderat
intensiv	schwach – moderat	intensiv	intensiv	intensiv

DER SCHNAUZGRIFF
— als Abbruchsignal

DER SCHNAUZGRIFF IM ÜBERBLICK

Der Schnauzgriff gehört zu den bekannteren Abbruchsignalen, vor allem weil er in der Mensch-Hund-Kommunikation von verschiedenen Hundetrainern immer wieder als ein Mittel der Wahl propagiert wurde, um ein unerwünschtes Verhalten von Hunden abzubrechen.
Günther Bloch (2004) beschreibt den Schnauzgriff unter Hunden als „physisch handelndes" also körperbetontes Abbruchsignal.
Während unserer Verhaltensbeobachtungen fiel uns jedoch immer wieder auf, dass in den meisten Fällen, in denen ein Schnauzgriff gezeigt wurde, zwischen den Hunden kein wirklicher Verhaltensabbruch stattfand, sondern er eher zu einer Unterbrechung der Handlung führte.
So bedrängte zum Beispiel ein aufdringlicher Junghund in aktiver Unterwerfung einen erwachsenen Hund und wurde von diesem durch einen Schnauzgriff zurechtgewiesen. Nach einer oft sehr kurzen Pause wurde die aktive Unterwerfung fortgesetzt, allerdings mit etwas geringerer Intensität.
Natürlich kann der Schnauzgriff situativ auch abbrechen; der Unterschied liegt sowohl in der Art als auch in der Intensität der Ausführung (siehe Tabelle, Seite 58).

Ein Schnauzgriff weich und waagerecht ausgeführt

BESCHREIBUNG

Ein Hund greift mit den Zähnen seitlich oder von oben über den Fang des anderen Hundes. Dies geschieht mit ausgeprägter Beißhemmung. 013

Der Schnauzgriff kann sehr kurz ausgeführt, aber auch länger gehalten werden. Es handelt sich um ein reaktives Abbruchsignal, das häufig auf eine aktive Unterwerfung oder auch auf eine Spielaufforderung hin gezeigt wird.

Der Schnauzgriff kommt vor allem unter miteinander sehr vertrauten Hunden vor, so zeigt die Mutterhündin dies schon ihren Welpen gegenüber (siehe Kapitel 14 „Wie alles beginnt", Seite 162). In Ausnahmefällen – gerade wenn Hunde sehr schnell einen guten Draht zueinander bekommen – kann der Schnauzgriff auch einmal im Fremdkontext vorkommen, in den allermeisten Fällen wird man ihn jedoch unter miteinander vertrauten Hunden finden.

Die Verwendung des Schnauzgriffs selbst ist sehr variabel in Art und Intensität der Ausführung.

Vorstufen des Schnauzgriffs können das Abwenden des Kopfes und das Maulaufreißen sein, oft begleitet von einer Art „ärgerlichen Lauts". Auch Drohsignale wie Knurren oder Zähneblecken können dem Schnauzgriff vorausgehen.

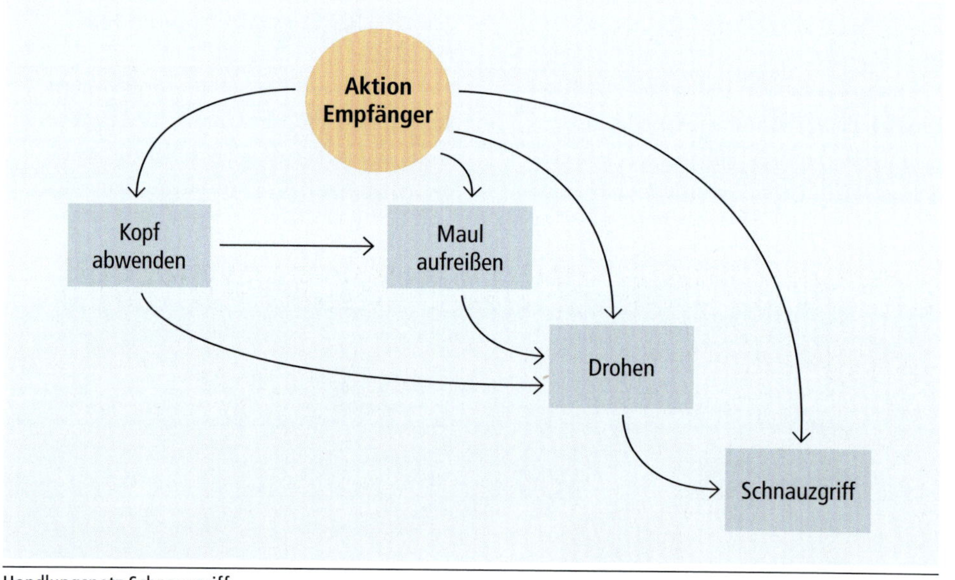

Handlungsnetz Schnauzgriff

☞ BESCHREIBUNG DES HANDLUNGSNETZES ZUM SCHNAUZGRIFF

Ethogrammelement	Im Handlungsnetz des Signals	Beschreibung
Drohen	Schnauzgriff	Offensiv bzw. reduziert: kurze Mundwinkel, Zähne blecken, Nasenrücken runzeln, eventuell knurren.
Kopf abwenden	Schnauzgriff	Drehung des Kopfes mit dem Zweck, der z. B. aktiven Unterwerfung auszuweichen.
Maul aufreißen	Schnauzgriff	Leichtes bis vollständiges Öffnen der Schnauze ohne Drohmimik.
Schnauzgriff	Schnauzgriff	Ein Hund greift mit den Zähnen seitlich oder von oben über den Fang des anderen Hundes. Dies geschieht mit ausgeprägter Beißhemmung.

Das Kopfabwenden ist eine der typischen Vorstufen

☞ DER HARTE UND DER WEICHE SCHNAUZGRIFF

harte Ausführung	weiche Ausführung
hart	weich
vertikal	horizontal
schnell	langsam
kurz	lang
ausgeprägte Drohmimik	wenig bis keine Drohmimik
eher abbrechend	eher unterbrechend

VARIATIONEN

Der Schnauzgriff ist in der Regel eher unterbrechend als abbrechend. Allerdings kann er in Einzelfällen auch das Verhalten des anderen abbrechen. Die Richtung der Ausführung kann dabei mit der Intensität zusammenhängen.

— Ein waagerecht ausgeführter Schnauzgriff ist tendenziell eher „weich".
— Ein senkrecht ausgeführter Schnauzgriff ist tendenziell eher „hart".

Je ausgeprägter dabei die Drohmimik ist, desto eher hat der Schnauzgriff Abbruchcharakter.
Zu vermuten ist ebenfalls, dass bei mehrfacher Nichtbeachtung die Beißkraft gesteigert wird, bis es zu einer akustischen Antwort des Empfängers kommt.

Dieser Schnauzgriff wurde länger gehalten.

Von oben ausgeführter Schnauzgriff mit gut erkennbarer Drohmimik

01

02

03

05

04

01 Etwas ernsterer Schnauzgriff mit ausgeprägtem Nasenrückenrunzeln

02 In unseren Beobachtungen wurde der Schnauzgriff häufig mehrfach hintereinander gezeigt.

03 Er kann aus unterschiedlichen Richtungen angesetzt werden.

04 Die Zähne berühren den Fang des anderen Hundes oft nur leicht.

05 Als Antwort legt die Dobermannhündin submissiv die Ohren zurück.

ANTWORTEN

Auffällig ist beim Schnauzgriff, dass nur sehr wenige Antworten eine Distanzvergrößerung beinhalten, nämlich insgesamt nur 7 %. Einen größeren Part in den Antworten, nämlich 24 %, nimmt das Stillhalten ein. Nach unseren Beobachtungen wurde das Stillhalten oft auf einen länger gehaltenen Schnauzgriff hin gezeigt. Erst wenn der Sender losließ, konnte es weitergehen.
Der mit Abstand größte Teil der gezeigten Antworten entfällt mit 69 % auf die aktive Unterwerfung.

BEDEUTUNG

Wenn man sich die Kontexte ansieht, in denen der Schnauzgriff gezeigt wird, fallen zwei Dinge ins Auge:

1. Dass der bei Weitem häufigste Kontext, in dem der Schnauzgriff gezeigt wird, mit 65 % die aktive Unterwerfung ist.
2. Dass im Gegensatz zu allen anderen Abbruchsignalen der häufigste auslösende Kontext auch gleichzeitig die häufigste Antwort ist.

Ein während des Spiels weich ausgeführter Schnauzgriff als Reaktion auf eine stürmische Annäherung

Dies zeigt, dass der Schnauzgriff in den allermeisten Fällen das Verhalten des anderen nicht abbricht, sondern lediglich unterbricht. Das Verhalten wird nach dem Schnauzgriff oft nur sehr kurz unterbrochen und dann mit etwas geringerer Intensität fortgesetzt. Dies könnte eine Erklärung dafür sein, warum immer wieder Hundebesitzer leicht verzweifelt berichten, dass der Schnauzgriff bei ihrem jungen Schnösel nicht zu einem Verhaltensabbruch führt, sondern dieser – meist weniger intensiv – einfach weitermacht. Man könnte die Bedeutung des Schnauzgriffs also mit „Bedräng mich nicht so sehr!" übersetzen. Das vorher gezeigte Verhalten darf also weitergeführt werden, aber nicht so intensiv. 014

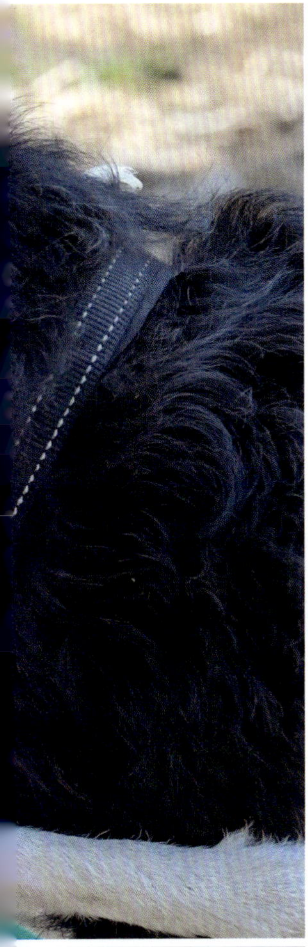

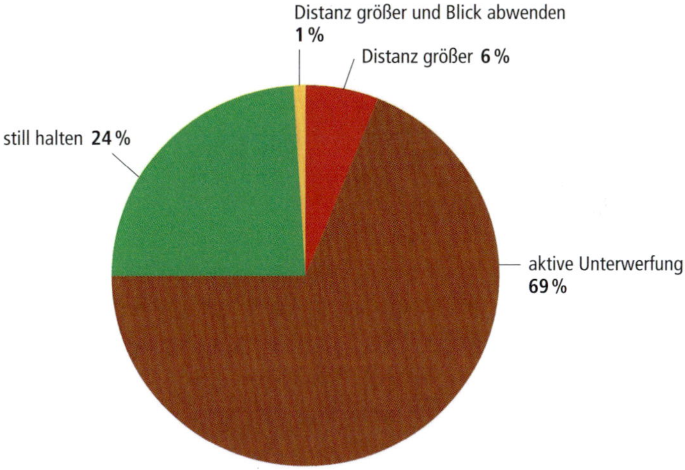

Antworten auf das Signal Schnauzgriff

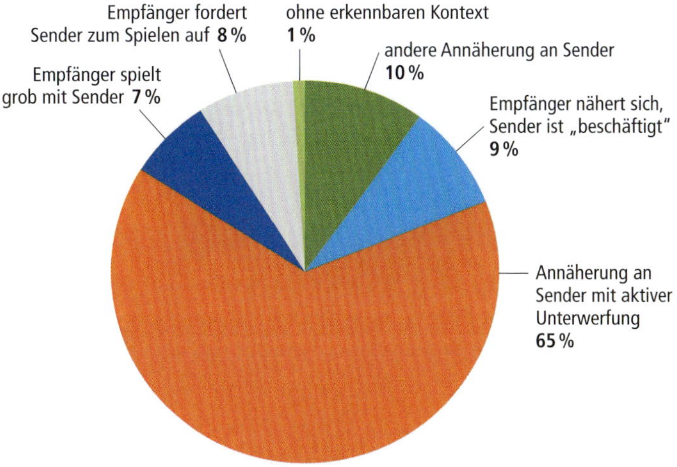

Kontexte, in denen der Schnauzgriff gezeigt wird

DAS WEGSCHNAPPEN

— *als Abbruchsignal*

DAS WEGSCHNAPPEN IM ÜBERBLICK

Das Wegschnappen hatten wir zu Beginn unserer Arbeit nicht richtig im Fokus unserer Aufmerksamkeit. Aber bereits am ersten Tag unserer Datenerfassung änderte sich das. Denn das Wegschnappen ist mit Abstand das am häufigsten gezeigte Abbruchsignal. Auffällig war ebenfalls, dass es sowohl im Vertrauten als auch im Fremdkontext sehr häufig gezeigt wird. Doch was ist das Wegschnappen? Sicher ist es ein inzwischen weithin bekanntes Abbruchsignal, bei dem jeder Hundehalter sofort ein Bild vor Augen hat. Ein Hund zeigt mit schnellem Vorstoßen des Kopfes eine Beißbewegung in Richtung der Wange des Signalempfängers.

In unseren Beobachtungen stellten wir sehr schnell fest, dass es sowohl ein offensives, als auch ein defensives Wegschnappen gibt. Bei Verhaltensbeobachtungen empfiehlt es sich, diese beiden Formen zu unterscheiden, um Absicht und Gestimmtheit des Senders besser beurteilen zu können.
Steht beim defensiven Wegschnappen der Selbstschutzaspekt im Vordergrund und erweckt den Anschein eines unsicheren Vertreibens, so ist es bei der offensiven Form eine ganz klare Ansage mit offensivem Drohen. Beide Formen unterscheiden sich sowohl deutlich in der Mimik und Körpersprache, als auch in der akustischen Kommunikation voneinander.

Schnelles, offensives Wegschnappen

BESCHREIBUNG

DAS OFFENSIVE WEGSCHNAPPEN

Das offensive Wegschnappen zeichnet sich meist durch eine deutlich offensive Drohmimik aus. Hierbei wird der Nasenrücken gerunzelt, der Lippenspalt wird kurz und es kann zu einem Zähneblecken kommen. Der Blick ist fixierend auf den Empfänger gerichtet. Je nach Gestimmtheit des Senders weisen auch hier die Augen entweder eine sehr klar offensiv drohende Lidstellung auf oder eine große runde Lidpartie, die Rückschlüsse auf eine Genervtheit des Senders erlaubt (siehe Kapitel 12 „Das Drüberstehen", Seite 140).

Die dann im Anschluss darauffolgende stoßartige Kopfbewegung und die Beißbewegung sind langsamer, als dieselbe Bewegung beim defensiven Wegschnappen. Meist ist es auch nur ein einmaliges Vorstoßen. Sollte ein zweites Signal folgen, ist eine klar erkennbare Pause zwischen beiden Bewegungen, in der der Sender die Antwort des Empfängers überprüft.
Gibt der Sender eine Vorwarnung, so ist diese oft von einem anfänglichen Knurren begleitet, das beim Schnappen zu einem tieferen kurzen Bellen wechselt.
Kommt der Abbruch kurz und überraschend, so ist das Knurren so kurz, dass es fast gar nicht bemerkt wird. 015

Drohen als Vorstufe – hier eine Reaktion auf sexuell motivierte Annäherung

Wegschnappen als kurze Spielunterbrechung

Vorstufe zum defensiven Wegschnappen

DAS DEFENSIVE WEGSCHNAPPEN

Bei dieser Form des Wegschnappens steht eindeutig der Selbstschutzaspekt im Vordergrund. Häufig finden wir diese Variante bei unsicheren Hunden, die zum Beispiel bedrängt werden.

In der Regel geht dieser Form des Wegschnappens eine sehr deutliche und lange Phase des defensiven Drohens voraus. Erst bei deutlicher Distanzunterschreitung erfolgt hier der Vorstoß. Dabei sind die Augen weit aufgerissen. Die Lefzen sind nach hinten gezogen und die Zähne werden gezeigt. Die Ohren sind nach hinten angelegt. Kommt es zum Vorstoß, so wird meist schnell und wiederholt geschnappt. Auch hier kommt es vor der Attacke zu einem Knurren, das dann jedoch zu einem wesentlich helleren wiederholten Belllaut wird. 016

Wegschnappen als Element im Spiel

VARIATIONEN

Das Wegschnappen, sowohl offensiv als auch defensiv, wird in vielen unterschiedlichen Kontexten gezeigt. Dadurch ergeben sich auch dementsprechende Variationen, einerseits im Ablauf und andererseits in den Steigerungen.
Ein sehr häufig vorkommender Kontext ist eine sexuell motivierte Annährung. In unseren Daten liegt sie bei 40 %. Hierbei erfolgt die Annäherung meist von hinten, und es kommt in einigen Fällen zu einem Aufreiten. Der Sender ist also gezwungen, sich dem Empfänger zuzuwenden. Dies beginnt mit einer Kopfwendung. Oftmals reichten dieses Kopfwenden und der Blick gepaart mit einem leisen Knurren gerade im Kontext des Aufreitens bereits, um ein Blick abwenden und ein Ende der Handlung zu erreichen. Aber auch Abbrüche in sehr intensiven Spielen erfordern vor dem eigentlichen Wegschnappen ein Eindrehen bzw. Positionieren.
Da also sozusagen aus jeder Haltung und Position heraus ein Wegschnappen gezeigt werden kann, ergeben sich natürlich auch mehr Möglichkeiten für den Empfänger auszuweichen. So kommt es dann auch ab und zu vor, dass vermeintlich gegen andere Körperbereiche vorgestoßen wird, als gegen die normalerweise anvisierte Wange und den seitlichen Hals. 017

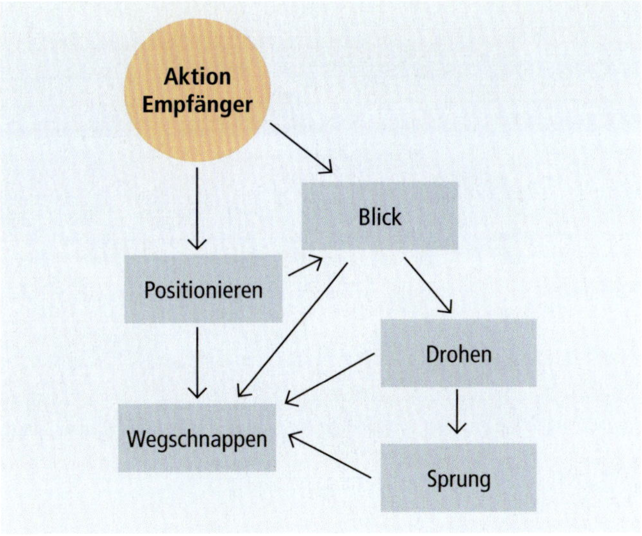

Handlungsnetz Wegschnappen

☞ BESCHREIBUNG ZUM HANDLUNGSNETZ DES WEGSCHNAPPENS

Ethogrammelement	Im Handlungsnetz des Signals	Beschreibung
Blick	Wegschnappen	Beschreibt die Ausrichtung der Augen mit oder ohne Hinwenden des Kopfes zu einem anderen Hund.
Drohen	Wegschnappen	Offensiv bzw. reduziert: kurze Mundwinkel, Zähne blecken, Nasenrücken runzeln, eventuell knurren. Defensiv bzw. reduziert: lange Mundwinkel, Zähne blecken, Nasenrücken runzeln, eventuell knurren.
Positionieren	Wegschnappen	Beschreibt die Ausrichtung des Kopfes und/oder der Körperachse im Teil oder im Ganzen auf den Kontaktbereich des Signalempfängers. **Wegschnappen:** Kontaktbereich ist die Wange oder der vordere, seitliche Halsbereich.
Sprung	Wegschnappen	Eine explosionsartige Bewegung zur Distanzverringerung in Richtung des Signalempfängers.
Wegschnappen	Wegschnappen	Ein Hund zeigt mit schnellem Vorstoßen des Kopfes eine Beißbewegung in Richtung der Wange des Signalempfängers.

01 In einem körperbetonten Spiel …

02 … wird ein spielerischer Nackenstoß gezeigt, …

03 … der von der Schäferhündin sehr intensiv beantwortet wird.

04 Die helle Hündin reagiert auf diese Annäherung …

05 … mit einem Wegschnappen.

01

04

02

03

05

06

07

06 Die helle Hündin steigert das Wegschnappen und kneift die Schäferhündin in die Wange.

07 Die Schäferhündin vergrößert die Distanz. Das Spiel wurde unterbrochen.

Wegschnappen ohne Drohmimik – hier in einem Spiel

Weitere Variationen ergeben sich aus der Steigerung. Eine Intention wäre, der Empfänger soll auf eine größere Distanz gebracht werden, eine andere Intention wäre, es soll schnell eine größere Distanz zum Empfänger überwunden werden. Hierfür wird ein Scheinangriff in den Ablauf eingebaut, meist zwei bis drei Sprünge. Dieser Scheinangriff kann im Anschluss an ein vorangegangenes Abbruchsignal erfolgen, wenn der Empfänger sich bereits entfernt, oder vor einem Wegschnappen, wenn man den Empfänger aus größerer Entfernung attackiert. 018

Bei jungen Hündinnen, die im Lauf ihrer ersten Läufigkeiten lernen müssen, sich die Verehrer vom Leib zu halten, kann man durchaus sowohl die defensive als auch die offensive Form nacheinander sehen. Eine anfänglich verunsicherte Hündin, die ein erstes defensives Wegschnappen zeigt, kann aufgrund der Antwort des beeindruckten Verehrers Selbstvertrauen fassen und nach einem Scheinangriff die offensive Form hinterhersetzen. Ermöglicht man Hündinnen diese Lernerfahrung, werden sie in den meisten Fällen als erwachsene Hündin Rüden mit einem strengen Blick in die Schranken weisen können. Trifft eine Hündin meist nur auf Rüden, die sich von den defensiven Versuchen unbeeindruckt zeigen und weitermachen, so besteht die Gefahr, dass sie später in eine Hilflosigkeit verfallen, in der sie stillhalten und jegliche Aufreitversuche dulden. Diese Entwicklung sollte man vermeiden.

Eine andere Steigerung bekam von uns den Arbeitstitel „WS + Treffer" (Wegschnappen und Treffer). Hierbei beißt der Sender gezielt in die Wange bzw. den seitlichen Hals kurz hinter dem Kiefergelenk. Waren vorherige Abbruchversuche erfolglos, ist dann spätestens diese Steigerung unmissverständlich für den Empfänger.

01 Vorstufe Blick

02 Trotz Distanzvergrößerung der Schäferhündin (links angeschnitten im Bild) …

03 … folgt ein Nachsetzen mit Scheinangriff und deutlicher Drohmimik.

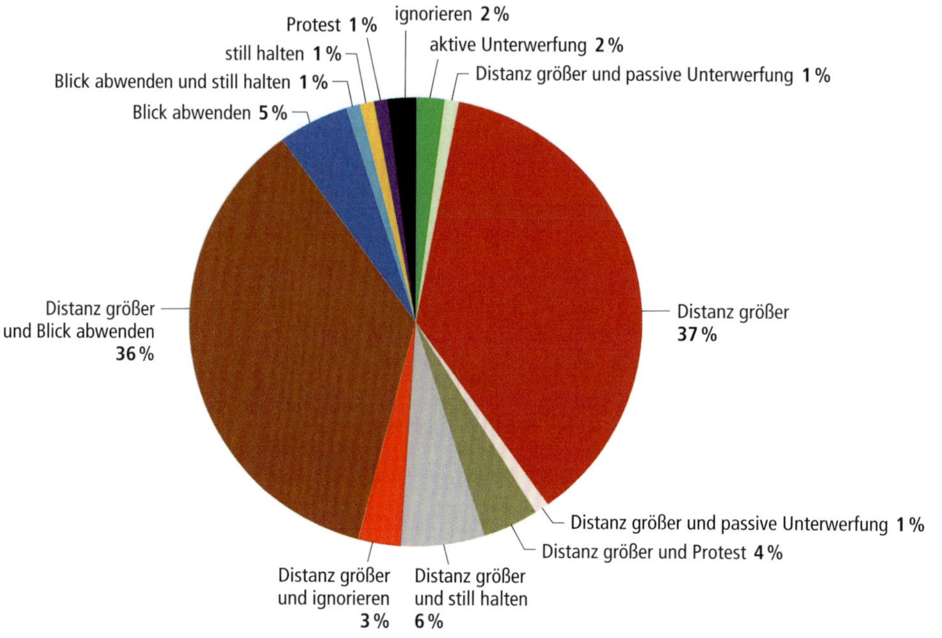

Antworten auf das Signal Wegschnappen

ANTWORTEN

Die von uns gesammmelten Daten zeigen eine Vielzahl von möglichen Antworten, die der Empfänger nutzen kann. Jedoch wird beim zweiten Blick auf das Kreisdiagramm sehr eindeutig klar, dass dieses Abbruchsignal in 88 % aller Fälle mit einer Distanzvergrößerung beantwortet wird. Rechnet man die Anteile, in denen der Empfänger durch submissives Verhalten anwortet dazu, kommen wir auf erstaunliche 97 %, in denen auf dieses Signal auch ein Abbruch folgt. Das bedeutet jetzt jedoch nicht, dass die kleinen prozentualenen Anteile in unserer Grafik von sozial weniger kompetenten Hunden gezeigt wurde. Im Gegenteil: Wenn z. B. ein statushöherer Hund einem unsicheren Neuling zu nahe kommt, kann ein Ignorieren auch ein adäquates Mittel sein. Oder ein noch unerfahrener Hund setzt den Abbruch zu vehement. Dann wiederum kann auch ein Protest dazu beitragen, dem Neuling das richtige Maß der Intensität zu verdeutlichen. Bei einem Abbruch aus einem Spiel heraus, kann ein Stillhalten beiden Akteuren den Moment geben, um sich mit anschließenden Signalen gegenseitig zu versichern, dass das Ganze noch ein freundliches Spiel ist.
Eins jedoch hat sich ganz klar herauskristallisiert: Distanz zum Sender schaffen ist die am häufigsten verwendete Antwort, egal welche Gestimmtheit noch dazu kommt.

BEDEUTUNG

Um die Frage, wie man dieses Signal verstehen muss, zu beantworten, kann man

zwar einerseits auf die Antworten schauen. Aber es bleibt ja immer noch der Fakt, dass die Empfänger lediglich einen Schreck bekommen haben könnten und daraufhin zur Seite gesprungen sind.
Deshalb lohnt sich ein genauerer Blick auf die Kontexte, in denen das Wegschnappen gezeigt wird. Diese Grafik scheint erst einmal um einiges verwirrender, als die der Antworten. In sehr vielen Situationen hat der Sender dieses Abbruchsignal verwendet. Damit das Ganze jedoch nicht als universelles Abbruchsignal falsch interpretiert wird, bietet sich ein Blick auf die einzelnen Kontexte an. Den Hauptanteil, also die dicken Tortenstücke, machen sexuelle Annäherungen und Spielkontexte aus. Gefolgt von Ressourcen, der aktiven Unterwerfung und „anderen". In dieser Rubrik sind z. B. Situationen erfasst, in denen ein Hund einen anderen nicht bemerkt und ihm zufällig fast auf die Pfoten tritt oder die Bande der Tobenden, die einen Unbeteiligten im Rennspiel fast über den Haufen rennt.
Hinterfragt man diese gesammelten Kontexte, so verdeutlicht sich sehr schnell, dass die Antwort, sich Distanz zu verschaffen, Sinn ergibt: Der Verehrer, den man loswerden möchte; der Spielpartner, der vielleicht etwas zu körperlich wird und einmal durchatmen sollte; der Neider, der Interesse an der Ressource zeigt; der Jungspund, der sich immer mehr in die aktive Unterwerfung reinsteigert etc.
Übersetzt in unser menschliches Verständnis erlaubt sich hier eine Interpretation in Form der Aussage: „Lass mich in Ruhe!" oder „Komm mir nicht zu nahe!".

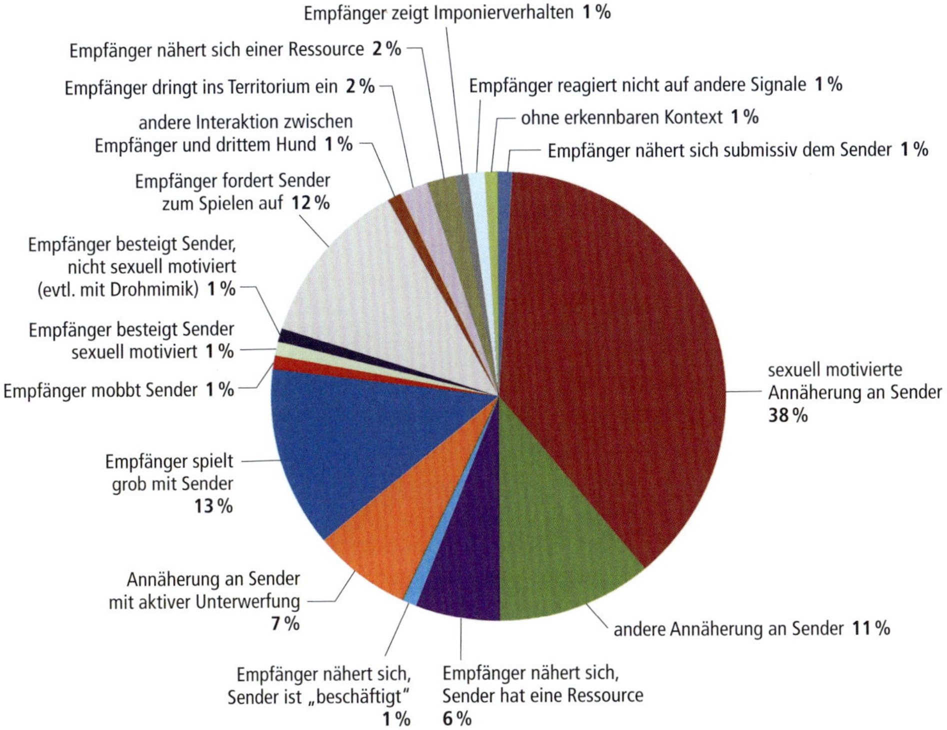

Kontexte, in denen das Wegschnappen gezeigt wird

DER SCHEINANGRIFF

— *als Abbruchsignal*

DER SCHEINANGRIFF IM ÜBERBLICK

Der Scheinangriff ist, wie schon der Name verrät, kein wirklicher Angriff, sondern eher ein als Drohung zum Schein ausgeführter Angriff.
Oft zu sehen ist der Scheinangriff bei Herdenschutzhunden, vor allem, wenn diese bei der Arbeit sind. Sie sollen die Herde vor tierischen und auch menschlichen Eindringlingen beschützen und dies geschieht vor allem durch Imponierverhalten, Drohbellen, Sich-Großmachen. Das funktioniert natürlich besonders gut, wenn man dabei noch auf und ab springt, um den eigenen Körper optisch noch mehr zu vergrößern.
Ziel dieser ganzen großen Show ist es, die Angreifer soweit einzuschüchtern und zu beeindrucken, dass sie auf Distanz bleiben und diese am besten noch vergrößern. „Herdenschutzhunde zeigen auffallend häufig Dominanz- und Imponiergehabe, eine Zur-Schau-Stellung ihrer eigenen Kraft, Größe und Stärke," schreibt Petra Krivy in ihrem Buch „Herdenschutzhunde" (2016).
Selbstverständlich zeigen auch andere Hunde als Herdenschutzhunde Scheinangriffe und dies auch nicht immer nur gegen Hunde gerichtet. So schreibt Günther Bloch (2007) von den „Pizzahunden", dass diese in einigen Fällen Scheinangriffe gegen Wildschweine richteten. Die Intention war durchaus die gleiche: Eskalationsvermeidung und den Gegner auf Distanz zu halten. Nur wenn diese Signale keinen Erfolg haben, kann es tatsächlich zum Kampf kommen.

Auch hier sieht man wieder ganz deutlich: Das Abbruchsignal selbst dient vor allem der Eskalationsvermeidung. Den Gegner auf Distanz zu halten, soll hier mit so wenig Kontakt wie möglich bei so viel Beeindruckung wie nötig geschehen.

BESCHREIBUNG

Beim Scheinangriff geht es vor allem darum, das Gegenüber zu beeindrucken, ohne in körperlichen Kontakt zu treten. Der klassische Scheinangriff wird reaktiv gezeigt, meist als Reaktion auf eine unerwünschte Annäherung. Nach einem Blick folgt in den meisten Fällen eine zügige Distanzverringerung. Diese wird meist imponierend ausgeführt, das heißt, der Körper ist hoch aufgerichtet, ebenso wie die Rute. Oft wird diese Distanzverringerung von Drohbellen begleitet. Vor dem Erreichen des Gegenübers wird in der Regel gestoppt. Um eine besonders eindrucksvolle Wirkung zu erzielen, wird die Distanzverringerung häufig mit einem Sprung, einem Aufstampfen, abgeschlossen, oft begleitet von einem drohenden Belllaut. 019

VARIATIONEN

Wie aus den Kontexten zu ersehen ist (siehe Abbildung, Seite 85), erfolgen insgesamt 63 % der Scheinangriffe auf unerwünschte Annäherung. Dies können neben Distanzunterschreitungen aus unterschiedlichen Motivationen auch die Annäherung an eine Ressource oder das Eindringen in das Territorium sein. In diesen Fällen folgt reaktiv der klassische oben beschriebene Scheinangriff.
Als Variation gibt es auch einen aktiv ausgeführten Scheinangriff. Dieser gilt in den allermeisten Fällen der Interaktion anderer Hunde. Diese Interaktion kann spielerisch, agonistisch oder auch sexuell motiviert sein.

FALLBEISPIEL: KÄTHE – VELVET – FRIDA

So beobachteten wir z. B. eine Interaktion zwischen einer jungen, intakten Kaninchenteckelhündin und einer erwachsenen intakten Terrierhündin. Das Spiel wurde immer wilder und grober und der kleinen Dackelhündin wurde es langsam zu viel, sie konnte sich aber des Terriers kaum erwehren. Eine Landseerhündin, die zum selben Haushalt wie die Dackelhündin gehört, griff nun ein. Sie sprang auf die beiden Hunde zu, stampfte kurz vor ihnen mit einem lauten Bellen auf und blieb stehen. Die Terrierhündin ließ sofort von der kleinen Dackelhündin ab, sodass diese erleichtert zu ihrer Retterin flüchten konnte.

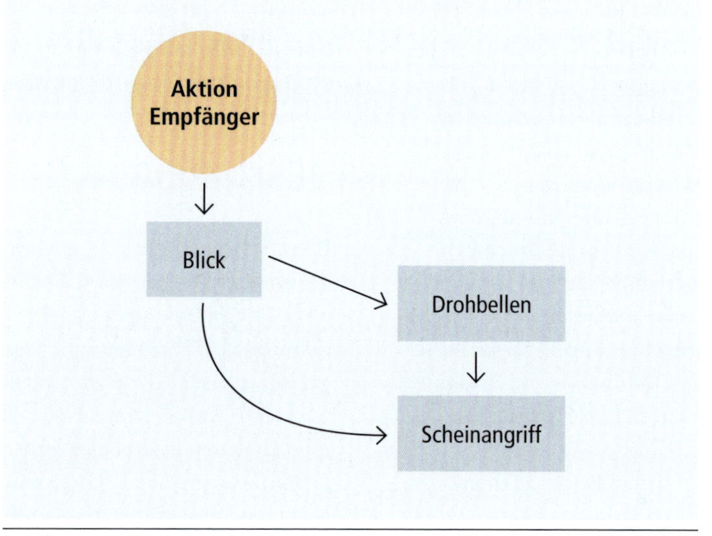

Handlungsnetz Scheinangriff

Typisch für den Scheinangriff ist das Aufstampfen mit den Pfoten.

☞ BESCHREIBUNG DES HANDLUNGSNETZES ZUM SCHEINANGRIFF

Ethogramm-element	Im Hand-lungsnetz des Signals	Beschreibung
Blick	Scheinangriff	Beschreibt die Ausrichtung der Augen mit oder ohne Hinwenden des Kopfes zu einem anderen Hund.
Drohbellen	Scheinangriff	Droh- bzw. Warnlaut, der in meist arhythmischen Sequenzen mehrerer schnell aufeinander folgender Einzellaute vokalisiert wird. Diese können mehrmals hintereinander erfolgen und auch mit Knurrlauten kombiniert werden.
Scheinangriff	Scheinangriff	Ist ein als Drohung zum Schein ausgeführter Angriff. Nach einem Blick folgt in den meisten Fällen eine zügige Distanzverringerung, diese wird meist imponierend ausgeführt, d. h. der Körper ist hoch aufgerichtet, ebenso wie die Rute. Oft wird diese Distanzverringerung von Drohbellen begleitet. Kurz vor Erreichen des Gegenübers wird in der Regel gestoppt.

SIND SCHEINANGRIFF UND SCHEINÜBERFALL ZWEI VERSCHIEDENE DINGE?

In einigen Fällen wird der aktiv eingesetzte Scheinangriff auch verwendet, um die Aufmerksamkeit eines anderen Hundes zu erlangen, z. B. wenn zwei Hunde in eine Interaktion verwickelt sind und der Sender nicht genügend beachtet wird. Da es bei der aktiven Variation nicht immer darum geht, den anderen auf Distanz zu halten oder zu vertreiben, kann hier auch manchmal der Abstand zum Empfänger geringer sein, als bei der reaktiven Variante.
Auch kann der im Vertrauten gezeigte Scheinangriff dann wie ein Überfallverhalten aussehen, das ja eigentlich aus dem Beutefangverhalten entstanden ist. Dies wird schon von Erik Zimen (1990)

Eine der häufigsten Antworten ist die Distanzvergrößerung.

Drohbellen – weitere Annäherung nicht erwünscht!

beschrieben. Die Körperhaltung des „Angreifenden“ ist dann eher stromlinienförmig und nicht hoch aufgerichtet, wie die aus dem Imponierverhalten stammende klassische, reaktive Variante. Da im vertrauten Kontext aber auch der imponierende Scheinangriff vorkommt, können wir an dieser Stelle vermuten, dass es sich hier um unterschiedliche Scheinangriffe handelt und man einen davon vielleicht eher als **Scheinüberfall** benennen sollte. Hier sind noch weitergehende Forschungen vonnöten.

Bei der klassischen Variante ist jedenfalls das Einhalten bzw. das Vergrößern der Distanz die erwartete Antwort.

Bei Nichtbeachtung kann als Steigerung im Vertrauten ein Wegschnappen folgen, im Fremdkontakt wäre als Steigerung ein ernster Angriff mit allen Konsequenzen möglich, um die „Forderung“ nach Distanz durchzusetzen (siehe Bedeutung). 020

01

02

05

01 *Dieser Scheinangriff beginnt optisch wie eine Sequenz aus dem Beutefangverhalten.*

02 *Die Distanz wird schnell überbrückt.*

03 *Ob Angriff oder Scheinangriff ist hier noch nicht erkennbar.*

04 *Beim Scheinangriff wird kurz vor dem Erreichen des anderen Hundes abgestoppt.*

05 *Typisch ist das Aufstampfen mit den Pfoten.*

06 *Das Aufstampfen wird oft von einem Belllaut begleitet.*

07 *Das Gegenüber antwortet meist mit einer Distanzvergrößerung*

08 *Mit der erwarteten Antwort Distanzvergrößerung hat der Sender in der Regel sein Ziel erreicht.*

06

07

03

04

08

Scheinangriff mit Wegschnappen

ANTWORTEN

Im Diagramm lässt sich gut erkennen, dass die allermeisten der auf einen Scheinangriff gezeigten Antworten eine Distanzvergrößerung beinhalten. (84 %). In einigen Fällen wurde auch stillgehalten oder nur der Blick abgewendet. Die Vielzahl der gezeigten Distanzvergrößerungen zeigt, dass der Scheinangriff in den meisten Fällen seinen Zweck erfüllt und dass die Intention des Senders tatsächlich die ist, den anderen auf Distanz zu halten oder zu vertreiben.

BEDEUTUNG

KLASSISCHER SCHEINANGRIFF

„Bleib weg!", „Hau ab!" trifft es wohl am besten für den klassischen Scheinangriff. Der andere soll ja nicht näherkommen und/oder sich möglichst schnell verziehen.

SCHEINÜBERFALL

„Achtung, hier komme ich!", könnte man die aktiv ausgeführte Variante übersetzen. In diesem Fall geht es um Beachtung und Aufmerksamkeit.

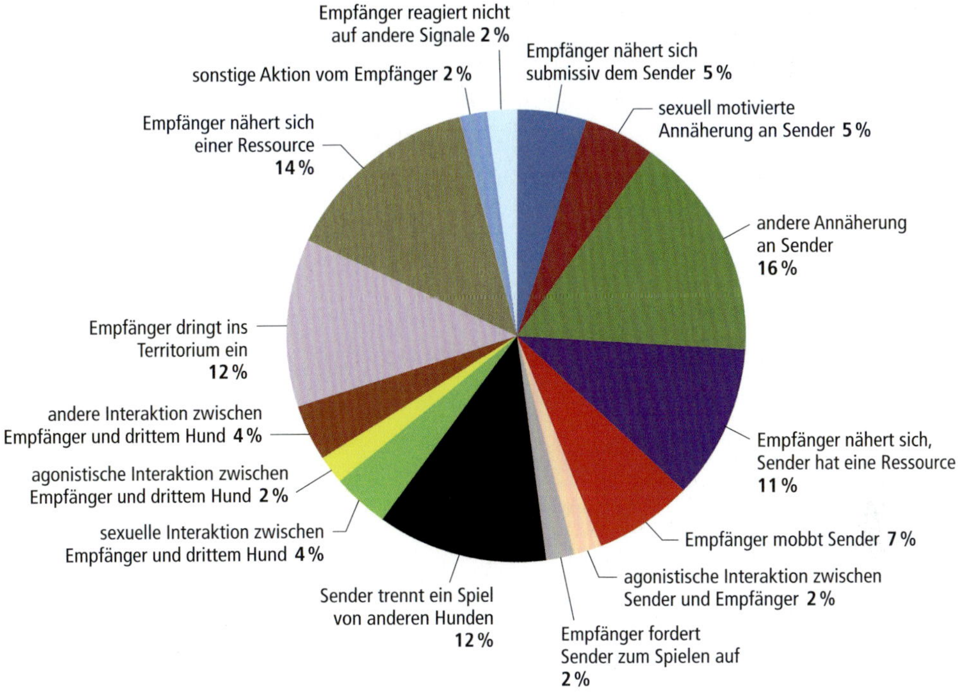

Kontexte, in denen der Scheinangriff gezeigt wird

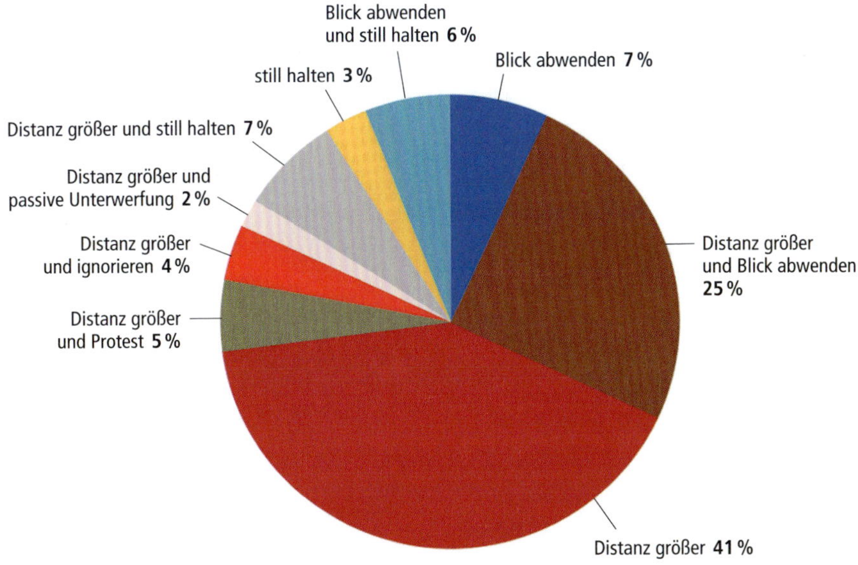

Antworten auf das Signal Scheinangriff

DAS UMREMPELN

— *als Abbruchsignal*

DAS UMREMPELN IM ÜBERBLICK

Dieses Verhalten fanden wir eher selten. Im Lauf unserer Beobachtungen wurde es fast ausschließlich von sehr statushohen Hunden bei pubertierenden bzw. neuen Hunden in der Gruppe gezeigt.
Auch eine Gemeinsamkeit fiel bei dem Vergleich der Empfänger ins Auge. Die Empfänger entziehen sich schon bei Signalen, die einen abbrechenden Charakter haben können und im Handlungsnetz vor den Abbruchsignalen stehen, sehr geschickt und fast schon beiläufig, sodass es nicht zu einem Abbruchsignal kommt und teilweise der Sender sie nicht einmal erreicht. So zum Beispiel der junge Rüde, der auf die Annäherung eines älteren Rüden das Spiel mit der Hündin an einen anderen Ort verlagert. Bei diesen Hunden scheint der Sender den richtigen Moment abzupassen, um den Empfänger umzurempeln.

BESCHREIBUNG

Das Umrempeln ist vom Ablauf vergleichbar mit einem Überfall. Der im Liegen oder Stehen lauernde Sender prescht plötzlich auf den Empfänger zu. Seine Körperhaltung ist dabei flach und gestreckt. Der Blick ist fixierend. Seine Ohren sind anfänglich auf den

Typische Sequenz aus dem Umrempeln

Empfänger ausgerichtet und werden kurz vor dem Zusammenprall nach hinten gezogen. Dieses Verhalten kann bei vielen Formen der körperlichen Interaktion beobachtet werden. Wir vermuten an dieser Stelle den funktionellen Charakter einer Selbstschutzmaßnahme. In solchen Fällen hat es nichts mit der Gestimmtheit zu tun und sollte nicht damit verwechselt werden. In der überfallartigen Annäherung sind keinerlei überflüssige Bewegungen zu finden. Sie ist schnell und gerade. Die Muskelspannung ist dabei hoch. Erreicht der Sender den Empfänger, so zeigen sich zwei mögliche Szenarien: Entweder geht der Kopf gerade über den Schulter-Nacken-Bereich und der Empfänger wird mit aller Wucht durch das Schieben mit der Brust zu Fall gebracht oder der Sender beißt außerdem noch in die Nacken-Schulter-Partie, um den Empfänger zusätzlich umreißen zu können. Es ist auffällig, dass auf diesen entsprechenden Kontaktbereich gezielt wird. Lende, Hüfte oder gar ein Aufprall von hinten wird nicht angestrebt. Dass ein Ausweichen des Empfängers, sollte er diesen Angriff frühzeitig bemerken, natürlich auch einmal dafür sorgt, dass der Aufprall nicht perfekt trifft, versteht sich von selbst.

Lauern, Lospreschen, gegebenenfalls im Nacken packen und Umrempeln hat Parallelen zum Beutefangverhalten. Bereits Erik Zimen beschrieb in seinem Buch „Der Wolf" im Wesentlichen drei Formen einer Attacke auf einen Artgenossen mit dem ausdrücklichen Hinweis, dass nur die letzten zwei bis drei Sprünge vor dem Interaktionspartner Aufschluss geben, ob es sich z. B. um einen Angriff oder eine Spielattacke handelt. Das Umrempeln

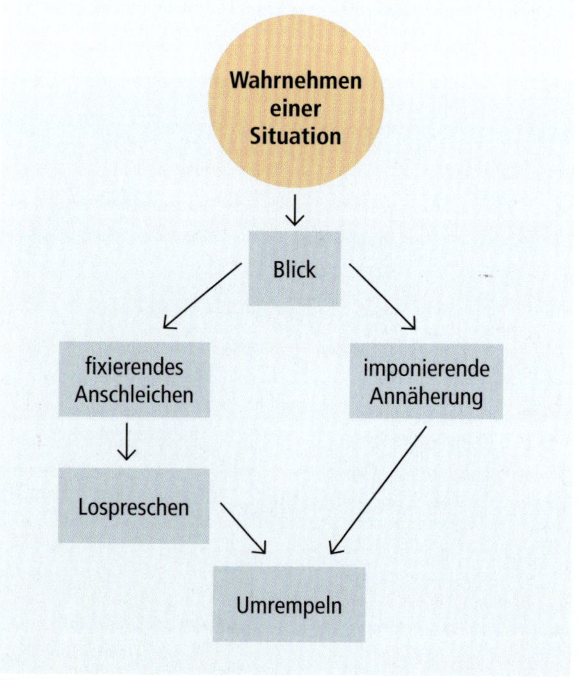

Handlungsnetz Umrempeln

☞ BESCHREIBUNG DES HANDLUNGSNETZES ZUM UMREMPELN

Ethogrammelement	Im Handlungs-netz des Signals	Beschreibung
Blick	Umrempeln	Beschreibt die Ausrichtung der Augen mit oder ohne Hinwenden des Kopfes zu einem anderen Hund.
fixierendes Anschleichen	Umrempeln	Konzentriertes geducktes Annähern, Extremitäten eingeknickt, Kopf abgesenkt, Augen auf den Empfänger gerichtet
imponierende Annäherung	Umrempeln	Eher langsam ausgeführtes Positionieren in kürzerer Distanz
Lospreschen	Umrempeln	Plötzlicher Gangwerkswechsel in den gestrecken Galopp
Umrempeln	Umrempeln	Das zu Fall bringen, durch einen kraftvollen schnellen Aufprall mit der Brust auf den seitlichen Schulterbereich des Empfängers.

passt zu diesen Beschreibungen von Ziemen und ergänzt sie. Der geübte Beobachter, der vertraut mit den agierenden Hunden ist, wird im Vorfeld deutliche Anzeichen finden, dass sich ein Umrempeln anbahnt. Betrachtet man vorausgehend den Empfänger, so entsteht meist der Eindruck, dass sich dieser auffällig dreist verhält, Maßregelungen ausweicht und es ihm eigentlich egal ist, ob die anderen spielen wollen, oder nicht. Der Sender hingegen taucht fast zufällig genau in dem Bereich dieser Interaktionen auf, scheint z. B. völlig darin versunken, die Umgebung olfaktorisch zu prüfen und legt sich oft in unmittelbarer Nähe zum Geschehen ab. Warum sollte ein Hund, der Ruhe sucht, ausgerechnet mitten im Trubel ein Plätzchen zum Dösen suchen? Kurze Blicke zum Empfänger verraten jedoch seine wahre Absicht. Er wartet auf den richtigen Augenblick, um überraschend den dreisten Jungspund über den Haufen zu rollen.

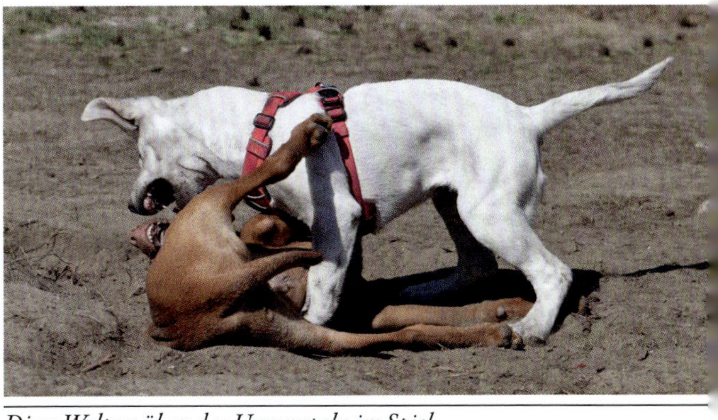

Diese Welpen üben das Umrempeln im Spiel.

VARIATIONEN

Zwei Variationen seien an dieser Stelle erwähnt. Wenn ein Empfänger die Absicht rechtzeitig bemerkt, kann es zu einem Ausweichen und Flüchten und somit zu einer Verfolgung kommen. Sollte der Sender schnell und stark genug sein und den Empfänger erreichen, packt er ihn im Schulter-Rücken-Bereich und rennt ihn dann über den Haufen. Ein Königspudel im Rudel von Thomas namens Leo perfektionierte diese Variante.
So kam es immer wieder bei jungen Rüden vor, dass er sich demonstrativ auf den Rücken rollte, sich wälzte und immer wieder einen einladenden Blick zu genau diesem Hund warf. Er zeigte ein eindeutiges Statuswälzen (mündliche Mitteilung von Günther Bloch) mit Spielaufforderung. Lies sich der Ahnungslose darauf ein, so spielte Leo das Häschen und rannte vorn weg. Urplötzlich jedoch stoppte er, ließ den überraschten Hund vorbei und gab richtig Gas. Dann packte er ihn und rollte ihn aus vollem Lauf über den Haufen. In der freien Interpretation hätte man diesem schwarzen Teufel glatt zwei Hörner und ein diabolisches Grinsen angedichtet, wenn er sich dann zwei Meter entfernt geschüttelt hat und den Gerollten mit seiner Verwirrung einfach alleinließ. Auf diese Art gelang es dem 25 kg leichten Leo auch 40 kg schwere Ridgebacks zu beeindrucken und eine junge Leonbergerhündin, die er zwar sehr mochte, die ihm aber immer wieder in regelmäßigen Abständen auf der Nase herumtanzte. In der darauffolgenden Zeit gingen diese Hunde respektvoller mit ihm um.

Diese Strategie konnten wir auch bei anderen sehr schnellen, meist jedoch etwas leichteren Rüden beobachten.
Die zweite Variante ist durch die Vorwegnahme der Antwort gekennzeichnet. Hier bemerkt der Empfänger die Absicht, flüchtet jedoch nicht. Ein schnelles Kleinmachen mit deutlich submissivem Charakter, also Rute einklemmen, rund machen, Kopf sen-

Beim Umrempeln typisch wird mit der Brust der Schulterbereich des Empfängers getroffen.

ken, Ohren zurückziehen und Blick abwenden, bremst in den meisten Fällen den Sender. Hier wird der Empfänger nur angerempelt und der Kopf über den Schulter-Nacken-Bereich geschoben. Dabei ist oft ein lautes „Grölen“ vom Sender zu vernehmen. Beide beschriebene Formen des Umrempelns können sowohl mit, als auch ohne dieses akustische Signal vorkommen.

Dieses Umrempeln kann vor allem bei molossoiden Rassen, wie Rottweiler und Bullmastiff, sowohl viel im Spiel beobachtet und in ernsten Auseinandersetzungen zusammen mit einem Runterdrücken auch als Kampfstrategie genutzt werden.

01

02

05

03

04

06

07

08

01 – 07 Typische Sequenz bei molossoiden Rassen, bei denen das Umrempeln oft mit einem Runterdrücken und Drüberstehen endet.

01

03

04

05

02

06

07

01 – 07 *Hier wurde in einer aufgeputschten Situation ein „dreister Vizslaschnösel" von der weißen, statushohen Hündin umgerempelt. Der „Gerollte" wurde danach liegen gelassen. Deutlich zu erkennen ist im Verlauf der Sequenz die zunehmende Zurückhaltung der anderen Hunde.*

Umrempeln – einmal mit Liegen lassen …

ANTWORTEN

Die Folge dieses Abbruchsignals ist in erster Linie ein auf dem Boden liegender, anscheinend verwirrter und zum Teil verunsicherter Hund. Da der Sender jedoch danach kein weiteres Interesse zeigt, sondern sich oft entfernt, legt sich diese Verunsicherung meist sehr schnell.

Wie auch bei allen anderen Abbruchsignalen finden wir natürlich auch hier die Möglichkeit des Protests. Meist handelt es sich um ein halbherziges Wegschnappen, das der Sender in der Regel souverän abprallen lässt. Der eigentlich spannende Teil sind die vorweggenommenen Antworten. Ihr submissiver Charakter spricht für eine deutlich beeindruckende Wirkung.

BEDEUTUNG

Beim Umrempeln ist aus der eigentlichen Handlung und der direkten Antwort kein Bezug auf den Kontext zu erkennen. Eine Verhaltensänderung zwischen den beiden Interagierenden erfolgt in größerem zeitlichem Abstand. Eine Datenaufnahme fällt hier schwer. Daher greifen wir an dieser Stelle auf unser Wissen aus vielen Jahren Hundebeobachtung zurück und verweisen auf Günther Bloch: „Die Mehrzahl von Anekdoten sind Daten.“ Beim Umrempeln sind hier das zu Fall gebracht werden des Empfängers und die anschließende passive Unterwerfung kennzeichnend. Aber auch die Antworten, die der Empfänger vorwegnimmt, sobald

... und einmal mit Drüberstehen

er den heranstürmenden Hund bemerkt. Bei allen Beobachtungen waren die Antworten deutlich submissiv: Vom Kleinmachen mit dem entsprechenden begleitenden Ausdrucksverhalten inklusive Mimik bis hin zur passiven Unterwerfung in Rückenlage. Doch erschließt sich nicht wirklich der Sinn dahinter, so viel Aufwand zu betreiben, nur um eine passive Unterwerfung einzufordern. War der Empfänger jedoch mehrfach Opfer dieses Überfalls, so zeigte er in einigem zeitlichen Abstand ein deutlich aufmerksameres Verhalten dem Sender, in der Regel dem Statushöheren, gegenüber. Höhere Aufmerksamkeit dem Sender gegenüber war also die Folge. Der Sender wiederrum bemerkte diese Aufmerksamkeit und näherte sich nun deutlich langsamer und schob bei Bedarf einfach nur den Kopf über den Rücken des Empfängers. Dieser antwortete in der Regel sofort submissiv. Diese Veränderung in der Kommunikation und die deutliche Reduzierung der gezeigten Verhaltensweisen lassen den Schluss zu, dass es sich hier um eine Strategie handelt, junge und dreiste Hunde, die sich schnell entziehen, nachhaltig zu beeindrucken. Wir vermuten weiterhin, dass dieses Signal strategisch bei Hunden eingesetzt wird, bei denen im Erwachsenenalter mit einem gewissen Potenzial an Selbstbewusstsein und Stärke zu rechnen ist, um sie rechtzeitig „einzunorden". Auch die Tatsache, dass nur ein kleinerer Prozentsatz an Hunden diese Behandlung erfährt, verstärkt diesen Schluss. Statusbeziehungen, die so geformt wurden, hatten in der Langzeitbeobachtung stets Bestand, selbst wenn die Führung innerhalb der Gruppe an den Jüngeren wechselte. So blieb doch in der individuellen Statusbeziehung der einstige Sender der statushöhere Hund und übernahm, um Günther Bloch zu zitieren, die Rolle des alten Weisen.
Dieses Verhalten hemmt den Empfänger im wiederholten Verlauf schon bei Annäherung des Senders. Auch wenn es situativ anfänglich unterbricht, so ist die spätere Wirkung in der Hemmung zu sehen und ist eng verbunden mit dem Kopfauflegen oder dem vertrauten Nackenstoß. Somit bleibt hier die Frage, ob wir diese Handlung wirklich als eigenständiges Abbruchsignal oder als Signal mit Abbruchcharakter zuordnen sollen.
Das Umrempeln kann man als Demonstration der körperlichen Überlegenheit sehen, die massiv beeindruckt und am ehesten mit „Noch Fragen?" oder „Weil ich es kann!" interpretiert werden kann. 021

DIE T-POSITION

— *als Abbruchsignal*

DIE T-POSITION IM ÜBERBLICK

Die T-Position findet man in der einschlägigen Fachliteratur zumeist im Bereich des Imponierverhaltens eingeordnet. Auch in unseren Daten war dieser Kontext zu finden. 22 % unserer erfassten Situationen lagen in diesem Kontext. Solche Situationen können zum einen im wechselseitigen Imponieren in einer Fremdbegegnung sein, bei dem abwechselnd gegenseitig die T-Position und das Kopfauflegen gezeigt werden. Zum anderen kann eine Bewegungseinschränkung zur Statusdemonstration durch die T-Position auch sehr effektiv sein. Doch die T-Position ist mehr als nur Imponieren. Durch zwei unterschiedliche Handlungen, das Querlaufen und das Rausschieben, die wir beide dem Ablauf der T-Position zuschreiben, bleibt der Abbruch einer Handlung durch eine T-Position bzw. ihrer Vorstufen oft unbemerkt vom menschlichen Beobachter.

Aber beginnen wir kurz mit den bisherigen Erwähnungen: Die T-Position wird von vielen Hundehaltern, aber auch von Profis mit einigen Fragezeichen versehen und das aus folgendem Grund: Wir finden in der Fachliteratur z. B. bei Fox (1971) zwei unterschiedliche Beschreibungen. Bei der einen Beschreibung bildet der „dominierende Hund" den Querbalken und bei der anderen Beschreibung den Standbalken eines Ts. Und siehe da, beide Beschreibungen sind völlig korrekt und zutreffend. Das ist im ersten Augenblick verwirrend. Aber die Erklärung ist recht einfach. Betrachtet man die Form der T-Position, bei der der Sender (in der Regel der dominierende Hund) den Standbalken bildet, also seitlich im rechten Winkel auf Höhe der Schulter des Empfängers, dann löst sich diese Verwirrung sehr schnell, wenn es zur Steigerung dieses Verhaltens kommt, zum „Kopfauflegen". 022

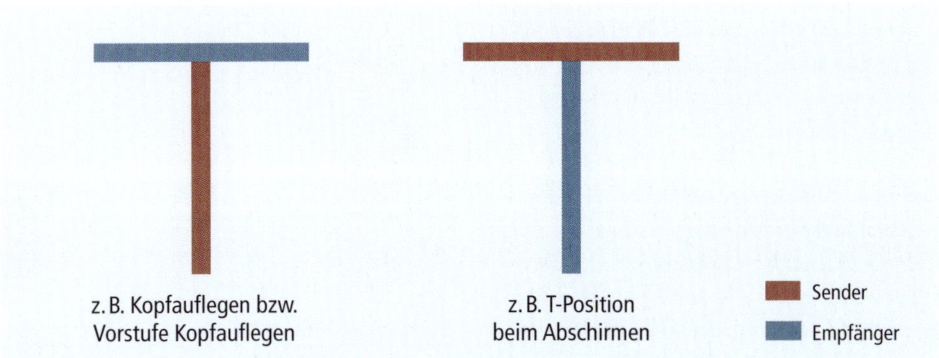

Die beiden unterschiedlichen T-Positionen

Verharrt der Empfänger in seiner Position, kommt es meist nicht mehr zur Steigerung, da die erwartete Antwort erfolgt ist. So entsteht bei vertrauten Individuen schnell der Eindruck, es wäre ein eigenständiges Verhalten, da die Andeutung der Absicht schon zum Abbruch führt (siehe Kapitel 9 „Kopfauflegen“, Seite 110).

Bei dem Abbruchsignal T-Position handelt es sich um die Variante, bei der der Sender den Quer- bzw. Kopfbalken bildet und sich seitlich vor den Empfänger schiebt, um ihn von etwas abzuschirmen.

BESCHREIBUNG

Bei der T-Position stellt sich ein Hund seitlich vor den anderen und blockiert ihn. Dabei ist die Körperhaltung meist deutlich aufgerichtet – imponierend und es kommt zu kurzzeitigem Blickkontakt, der erst im Verlauf der Steigerung fixierend wird. Einfach gesagt, beim Drohfixieren ist es dann aber auch schon fünf vor zwölf.
In unseren Beobachtungen fiel jedoch auf, dass ein echtes „Vor-dem-anderen-Stehenbleiben“ eher sehr selten zu beobachten war. Viel häufiger war ein kurzes Querlaufen, bei dem ein gerichteter strenger Blick zum Empfänger gesandt wurde. Meist war damit z. B. der Anspruch auf einen Sozialpartner auch schon geklärt. Wurde jedoch das Interesse an diesem Sozialpartner vom Empfänger nicht eingestellt, so erfolgte das Querlaufen erneut und dieses Mal dichter vor dem Empfänger. Besonders auffällig war beim erneuten Vorbeilaufen im Blickfeld des Empfängers, dass das Tempo deutlich verlangsamt wurde. Der Blick wurde ebenfalls länger gehalten und es entstand der Eindruck, dass der Sender absichtlich länger im Sichtfeld des Empfängers verblieb, um sicherzustellen, dass er nicht übersehen werden konnte. Führte das nicht zum Erfolg, so passierte es nicht selten, dass der Sender den Empfänger bei der nächsten Runde so dicht querte, dass er ihn förmlich aus seiner Bewegungsrichtung schob. Auch hier folgte im Passieren des Empfängers ein strenger Blick, als ob der Sender damit seine Handlung unterstreichen wollte: „Hast du es endlich verstanden!“ Die Tatsache, dass dieser Blick in allen Beobachtungen vorkommt, lässt vermuten, dass er instrumentell verwendet wird. Wie gern würde man doch die Hunde selbst befragen.

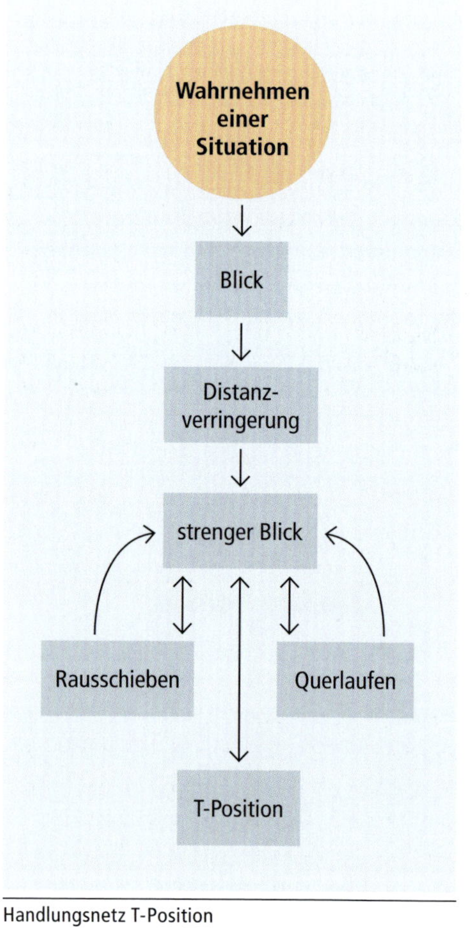

Handlungsnetz T-Position

☞ BESCHREIBUNGEN DES HANDLUNGSNETZES ZUR T-POSITION

Ethogramm-element	Im Hand-lungsnetz des Signals	Beschreibung
Blick	T-Position	Beschreibt die Ausrichtung der Augen mit oder ohne Hinwenden des Kopfes zu einem anderen Hund.
strenger Blick	T-Position	Die Augen des Senders sind auf die Augenpartie des Empfängers gerichtet, der Blick wird in der Regel nicht abgewendet. Eine Erhöhung der Körperspannung ist begleitend erkennbar. Augenlider werden angespannt und die Augenbrauen werden mittig zusammengezogen, sodass es je nach Intensität zu einer Faltenbildung auf der Stirn kommen kann.
Distanz-verringerung	T-Position	Beschreibt die situativ angepasste aktive Verringerung des Abstandes. Bei der **T-Position** eher schnell.
Querlaufen	T-Position	In kurzer Distanz ausgeführtes langsames Vorbeilaufen vor dem Kopf des Empfängers mit gerichtetem, strengem Blick. Bei mehrmaligem Zeigen, kommt es in der Regel zu einer Verlangsamung der Bewegung im Sichtbereich des Empfängers.
Raus-schieben	T-Position	Sehr eng gezeigtes Querlaufen, bei dem zum großen Teil unter Körperkontakt der Empfänger aus seiner Bewegungsrichtung gedrängt wird. Typisch ist die Kopfdrehung hin zum Empfänger, um diesen mit einem strengen Blick zu fixieren.
T-Position	T-Position	Bei der T-Position stellt sich ein Hund seitlich vor den anderen und blockiert ihn. Dabei ist die Körperhaltung meist deutlich aufgerichtet-imponierend und es kommt zu kurzzeitigem Blickkontakt der im Verlauf der Steigerung fixierend wird.

Nach dem Querlaufen muss sich der Sender wieder positionieren, um dies erneut zu tun. Dabei kann es sein, dass er mit einer schnellen Annäherung den Empfänger einholt. Ab dem Schulter-Hals-Bereich ist dann wieder die fürs Querlaufen charakteristische Verlangsamung zu erkennen. Je langsamer das Querlaufen stattfindet, desto länger bleibt der Sender im Blickfeld des Empfängers. Als letzte Steigerung in diesem Ablauf kommt dann die T-Position, bei der der Sender stehen bleibt. Natürlich können auch die Vorstufen wegfallen und der Sender zeigt gleich die T-Position.

01 Der Ridgebackrüde versuchte, den Akitarüden durch Querlaufen …

02 … von der weißen Hündin fernzuhalten.

05 Ohne Berührung bremste er den Akita kurz aus.

06 Nachdem der Ridgeback den Akita passiert hatte, …

09 … entging ihm keinesfalls, wie man seinem Rückblick entnehmen konnte.

10 Der Ridgebackrüde reagierte auf das wiederholte Interesse des Akitas.

03 Die T-Position wurde hier nicht statisch gezeigt, ...

04 ... sondern fließend während der Bewegung.

07 ...fokussierte sich der Akita erneut auf die Hündin.

08 Dass der Ridgeback ihn erneut verfolgte, ...

11 Er verringert die Distanz, bereit für ein erneutes Querlaufen.

Das Querlaufen des Akitas wird nicht akzeptiert.

T-Position mit Antwort Blick abwenden und Stillhalten

ANTWORTEN

Nur in 13 % der Fälle wurde dieses Signal ignoriert. Die häufigsten Antworten waren einzeln oder in Kombination eine Distanzvergrößerung, Stillhalten oder Blickabwenden. In diesen 86 % aller Fälle hatte die T-Position also mindestens eine unterbrechende Wirkung. Dies lässt also den Schluss zu, dass die T-Position nicht nur ein Element des Imponierverhaltens ist, sondern eindeutig auch als Abbruchsignal verwendet und als solches verstanden und beantwortet werden kann. Traten diese Antworten auf, folgten vom Sender in der Regel keine weiteren Abbruchsignale. Bei Nichtbeachtung bietet die T-Position keine Möglichkeit den Abbruch körperlich durchzusetzen. In diesem Fall folgten in unseren Beobachtungen entweder Kopfauflegen, Besteigen und/oder der Nackenstoß. Auf den Zusammenhang zwischen diesen drei zuletzt genannten Handlungen gehen wir an anderer Stelle noch genauer ein (siehe Seite 119).

BEDEUTUNG

Die T-Position verwenden Hunde häufig dann, wenn sie soziale Interaktionen verhindern wollen (52 %), z. B. die sexuelle Annäherung eines fremden oder statusniederen Rüden an eine Hündin, auf die der Sender des Signals Anspruch erhebt. Aber auch, wenn auch deutlich seltener (13 %), beim Eindringen ins Territorium oder dem Annähern an eine Ressource. Man könnte also die T-Position mit „Um den oder das hast du dich nicht zu kümmern!" übersetzen. Wenn man an das Beispiel oben denkt, könnte man auch augenzwinkernd interpretieren: „Such dir eine eigene Freundin. Die gehört mir!"

Einige Hundehalter erinnern sich vielleicht an Situationen, in denen sie selbst oder andere Tiere, zu denen der Sender eine Bindung hat, abgeschirmt wurden. Denn auch hier finden wir dieses Signal und seine Vorstufen wieder.

An dieser Stelle sei eine kleine Anmerkung gestattet: In den beiden Kontexten „Annäherung an eine Ressource" und „Eindringen ins Territorium" werden sehr häufig andere Signale gezeigt. Die Ressource wird oft mit einem Wegschnappen verteidigt. Aber vor allem, wenn sie weiter weg ist, setzt der Sender eine T-Position ein, um eine weitere Annäherung des Empfängers an diese Ressource zu verhindern.

Der Scheinangriff ist ein typisches Signal, wenn ein Fremder ins Territorium eindringt. Doch auch hier kann die T-Position mit der Aussage „Um das hast du dich nicht zu kümmern!" passend sein. 023

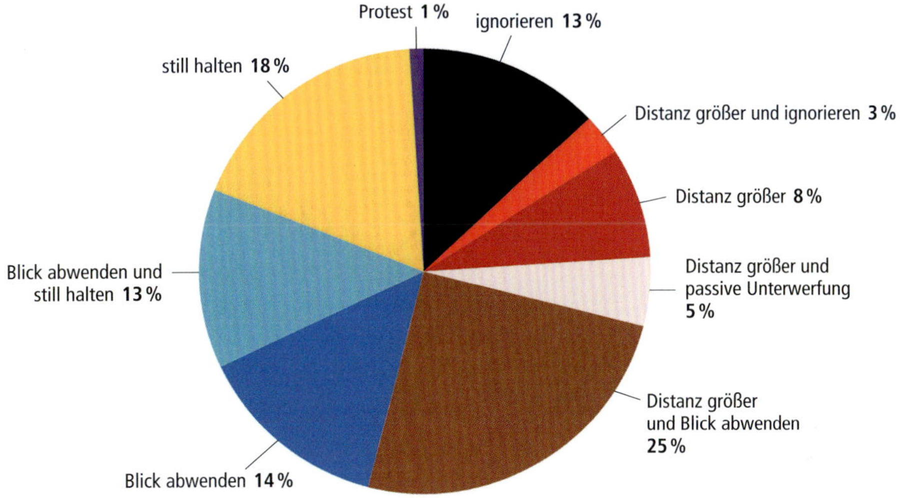

Antworten auf das Signal T-Position

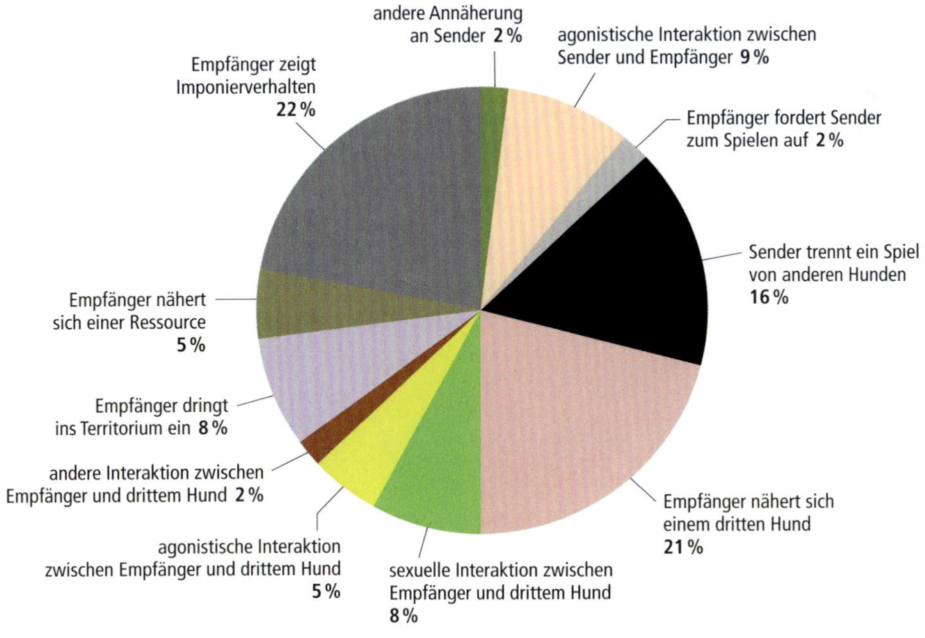

Kontexte, in denen die T-Position gezeigt wird

DAS FRONTALE WEGVERSTELLEN

— *als Abbruchsignal*

DAS FRONTALE WEG-VERSTELLEN IM ÜBERBLICK

Das Frontale Wegverstellen ist wohl ähnlich einer „gelben Karte“ beim Fußball einzuordnen. Dieses Signal wirkt auf den ersten Blick körperlich sehr massiv und der unerfahrene Beobachter ist leicht verleitet, einen bevorstehenden Kampf zu vermuten. Aber mitnichten. Die eigentliche Stärke dieses Abbruchs ist eher auf der psychologischen Ebene zu finden. Darauffolgende körperliche Auseinandersetzungen konnten wir nur sehr selten beobachten und eigentlich nur dann, wenn der Empfänger aus Protest oder Unsicherheit in die Abwehr ging. Dieses Abbruchsignal fordert das unmissverständliche „Kleinbeigeben“.
Ein typischer Kontext für diesen Abbruch sind z. B. junge, teilweise sehr sexuell motivierte Rüden oder Junghunde, die auf mehrfach gezeigte andere Grenzsetzungen mit Entziehen reagieren und ihre Handlungen unbeeindruckt weiterführen. Deshalb auch der Vergleich zur gelben Karte.

BESCHREIBUNG

Dieses Abbruchsignal ist so komplex, dass keine genaue Festlegung in Form eines Handlungsnetzes möglich ist. Jedoch sind einige Verhaltensweisen so markant, dass es sich sehr leicht identifizieren lässt. 024
Dem Frontalen Wegverstellen gehen, wie oben bereits beschrieben, sehr häufig mehrere Abbruchversuche voraus. Sind diese gescheitert, kommt es meist zu einer Verfolgung durch den in der Regel älteren und statushöheren Hund. Kann er den Verfolgten stellen, positioniert er sich frontal, wahlweise mit gesenktem oder erhobenem Kopf, und fixiert so den Blockierten. Wirklich ausgeprägtes Drohfixieren mit den entsprechenden mimischen Veränderungen im Schnauzenbereich wurde von uns nur in sehr seltenen Fällen beobachtet und auch ein Knurren war nur gelegentlich zu vernehmen.

Frontalstehen beendete den Scheinangriff *(siehe Seite 34/35)*

Markant für das frontale Wegverstellen ist der fixierende Blick.

Die Körperhaltung des Senders ist variabel, jedoch meist durch eine sehr starke Muskelspannung gekennzeichnet. Hierbei kann man imponierendes Aufrichten, aber auch sehr häufig eine abgeduckte Haltung finden. Die Unterschiede erklären sich recht einfach. Sie sind den Reaktionen des Empfängers geschuldet. Zeigt dieser Fluchttendenzen, so passt der Sender seine Haltung dementsprechend an. Selbst Vorderkörpertiefstellungen waren mehrfach in den Handlungsabläufen zu beobachten. Vergleichend betrachtet fanden wir viele Parallelen zum Stellen von großen, wehrhaften Beutetieren.
Hier greift Watzlawicks Axiom zur Kommunikation (siehe Seite 36) wieder sehr schön. Kommunikation ist immer ein Hin und Her und jede Änderung der Interpunktion kann den Ablauf verändern, was in diesem Fall in Bruchteilen von Sekunden ein völlig anderes Erscheinungsbild hervorruft.

Markant sind aber vor allem:

— Ein sehr dichtes frontales Stehen vor dem Empfänger.
— Ein unnachgiebig erscheinendes Fixieren (ähnlich dem Drohfixieren, aber nur selten mit deutlichem Zähneblecken und Nasenrückenrunzeln).
— Sofortige Reaktion auf Bewegungen des Empfängers.
— Das ständige Positionieren des Senders, das das Entweichen des Empfängers verhindert.
— Eine deutliche Verunsicherung des Empfängers.

Im Anschluss an diesen Abbruch können verschiedene Dinge folgen:
Die Erlaubnis, sich zu entfernen, indem der Sender das Fixieren beendet und nicht mehr auf Bewegungen des Empfängers reagiert.
Das vorzeitige Entziehen durch den Empfänger, was meist durch eine erneute Verfolgung vom Sender beantwortet wird. Hier kann es in der Verfolgung zu einer Steigerung kommen oder der Empfänger wird erneut frontal gestellt.
Abwehrendes Verhalten, wie z. B. Protest oder Angriff, kann einen Konflikt auslösen.

Beobachtete Komponenten des verwendeten Ausdrucksverhaltens:
- Frontalstehen nach Feddersen-Petersen (2008) jedoch ohne Spielbezug!
- Drohfixieren/strenger Blick
- Vorderkörpertiefstellung
- Imponierhaltung
- Knurren

VARIATIONEN

Wie bei vielen Signalen finden wir die Verwendung auch im Spielverhalten. Diese Variante wird von Dr. Dorit Feddersen-Petersen (2008) als **Frontalstehen** beschrieben. „Beim Frontalstehen (T) stehen die Partner sich frontal mit gesenkten Köpfen gegenüber, wobei Kopfschleudern und Spiel-Vorderbein-Stoßen möglich sind."
Auch eine abgeschwächte Form kann sich bei Fremdbegegnungen zweier Hunde zeigen. Dies wird in der Literatur auch als **gerichtetes Imponieren** beschrieben (Feddersen-Petersen, 2008), wobei sich einer der beiden meist langsam auf sein Gegenüber zubewegt. Zudem kommen oft deutliche Drohsignale mit ins Spiel. Molossoide, aber auch nordischen Rassen neigen tendenziell eher zur Verwendung dieser entschleunigten Variante mit einem wesentlich höheren Anteil an Drohverhalten. 025

ANTWORTEN

Die Antworten, die wir auf dieses Signal beobachten konnten, umfassen auf der einen Seite Antworten, wie Entziehen, Protest und Angriff, auf die weitere Signale und eventuell eine Eskalation folgten. Trifft der Empfänger z. B. die Entscheidung sich zu entziehen, folgt meist eine Verfolgung mit hartem Nackenstoß oder Umrempeln und Drüberstehen 026. Auf der anderen Seite umfassten sie submissive Antworten, wie Blickabwenden, Sich-Kleinmachen, Licking Intention und Verharren in einer submissiven Haltung. Letztlich gehen diese Antworten alle in die Richtung der deutlichen Submission. Auch eine aktive Unterwerfung, ein Pföteln oder Ähnliches können zu einer Deeskalation führen. Diese Antworten können somit zu den erwarteten Antworten gezählt werden und wirken wie: „Ich habe es verstanden. Hier gelten deine Spielregeln."

BEDEUTUNG

Die Bedeutung also mit einer „gelben Karte" zu vergleichen, bietet sich hier an. Nach einem mehrfachen Regelverstoß wird der „Schiedsrichter" mit einer ganz klaren Verwarnung seine Regeln durchsetzen und sich Respekt zu verschaffen. Der Empfänger wird sozusagen festgenagelt und darf sich erst wieder bewegen und weitermachen, wenn er sich entsprechend submissiv dem Sender gegenüber gezeigt hat. Das Frontale Wegverstellen wirkt in diesem Moment wie ein „Du kommst an mir nicht vorbei!"

DAS KOPFAUFLEGEN

— *als Abbruchsignal*

DAS KOPFAUFLEGEN IM ÜBERBLICK

Das Ablegen des Kopfes auf dem Rücken eines anderen Hundes ist in vielen Situationen zu beobachten. Immer wieder kann man miteinander vertraute Hunde dabei beobachten, dass der eine mit dem Kopf auf dem anderen dasteht, sitzt oder liegt. Dieses soziopositive Verhalten hat nichts mit dem Abbruchsignal des Kopfauflegens zu tun, daher kann man die Hunde getrost in dieser selbstgewählten Pose belassen. Auch hat es nichts mit der so oft zitierten Dominanz zu tun.

Ein anderer und vermutlich der häufigste Kontext, in dem das Kopfauflegen beobachtet werden kann, ist die sexuelle Interaktion zwischen Hunden. Darüber hinaus fungiert das Kopfauflegen auch als Abbruchsignal. Auf das Kopfauflegen folgt oft, ähnlich wie auf das „Über-den-Rückengreifen" aus dem Video von Günther Bloch, ein kurzes Verharren bzw. Innehalten des Gegenübers (siehe Kapitel 2, Seite 45).

Zum Kopfauflegen findet man in der Literatur einige Quellen. Nach diesen gehört das Kopfauflegen in den Kontext der sozialen Annäherung, es ist aber auch Bestandteil des Imponierverhaltens und wird in diesem Zusammenhang ebenfalls von Fox (1969), Bekoff (1972) und George (1995) als „chin-resting" beschrieben (Feddersen-Petersen, 2008). Andere Autoren ordnen das Kopfauflegen als körperbetontes Abbruchsignal ein (Strodtbeck, Borchert, 2013). Zudem beschreibt Fox

Kopfauflegen mit Verharren als Antwort

zwei unterschiedliche T-Positionen.

Bei der einen bildet der dominante Hund den Stammbalken des Ts, aus dem ein Kopfauflegen bis Umwerfen des anderen Hundes werden kann (Fox, 1971). Diese Beschreibung entspricht ziemlich genau der von uns beobachteten Etablierung des Kopfauflegens (siehe „Handlungsnetz Etablierung", Seite 118). In der anderen Variante, die Fox beschreibt, bildet der dominante Hund den Querbalken des Ts (Fox, 1971). Letztere T-Position entspricht der von uns beobachteten T-Position, die auch als Abbruchsignal verwendet werden kann (siehe hierzu auch Kapitel „T-Position", Seite 98).

BESCHREIBUNG

Beim Kopfauflegen nähert sich der Sender seitlich, im stumpfen Winkel dem Empfänger und schiebt seinen Kopf in Höhe des Widerrists über dessen Rücken. 027
Sehen wir uns das Abbruchsignal Kopfauflegen und seinen Ablauf genauer an: Nach dem Wahrnehmen einer Situation folgt entweder ein Blick, eine Distanzverringerung oder direkt eine Positionierung. Die Positionierung ist ein wichtiger Bestandteil des Ablaufs. Der Sender positioniert sich quer zum Empfänger, im stumpfen Winkel (tendenziell ca. 90 Grad). Optisch ähnelt diese Positionierung dem oben erwähnten T, bei dem der Sender den Stammbalken des Ts bildet. Beim Abbruch folgt in der Regel nach dem Positionieren das Kopfauflegen. Hierbei wird der Kopf meist waagerecht nach vorn geschoben, also der Hals langgemacht, bis sich der Kopf über dem Widerrist befindet. Der Kopf wird dabei meist abgelegt. Ein entscheidendes Merkmal beim Kopfauflegen ist der über den Rücken gehende ungerichtete Blick des Senders.

Dieses Kopfauflegen ist sozio-positiv, kein Abbruch!

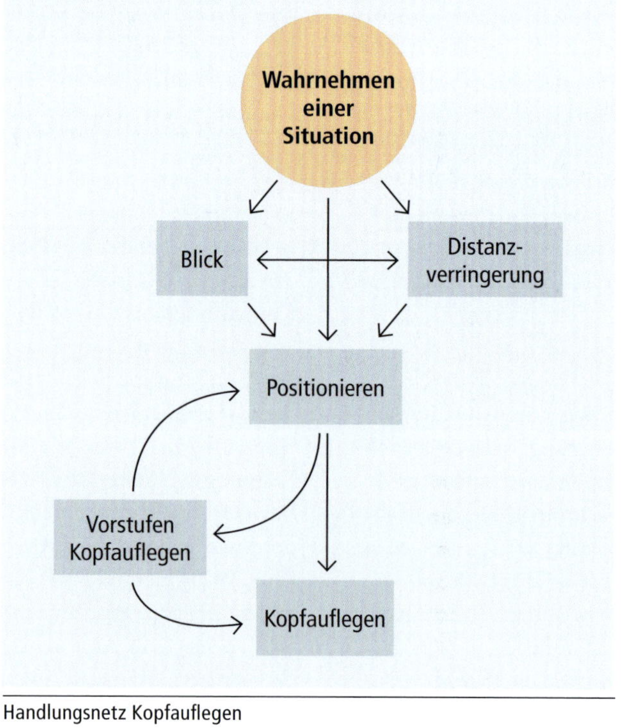

Handlungsnetz Kopfauflegen

☞ BESCHREIBUNG DES HANDLUNGSNETZES ZUM KOPFAUFLEGEN

Ethogramm-element	Im Handlungsnetz des Signals	Beschreibung
Blick	Kopfauflegen	Beschreibt die Ausrichtung der Augen mit oder ohne Hinwenden des Kopfes zu einem anderen Hund.
Distanz-verringerung	Kopfauflegen	Beschreibt die situativ angepasste aktive Verringerung des Abstandes. Beim **Kopfauflegen** typischerweise langsam.
Kopfauflegen	Kopfauflegen	Der Kopf wird waagerecht auf den Rücken des anderen Hundes geschoben bzw. abgelegt. Der Blick ist ungerichtet.
Positionieren	Kopfauflegen	Beschreibt die Ausrichtung des Kopfes und/oder der Körperachse im Teil oder im Ganzen auf den Kontaktbereich des Signalempfängers. **Kopfauflegen:** Kontaktbereich ist der Bereich um den Widerrist, der Winkel zum Empfänger ist stumpf.
Über-den-Rückengreifen	Kopfauflegen	Das gehemmte Greifen mit der Schnauze im Kontaktbereich des Empfängers.
Umwerfen/ Umziehen	Kopfauflegen	Der Sender hat den Empfänger im Kontaktbereich gegriffen und zieht oder schiebt ihn um.
Vorstufe Kopfauflegen	Kopfauflegen	Beschreibt das Antesten des Kopfauflegens. Typisch für die Vorstufe ist die Tendenz zum Ausweichen.

01 Sexuell motivierte Annäherung

02 Sexuell motiviertes Kopfauflegen

DAS KOPFAUFLEGEN IM SEXUELLEN KONTEXT

Auch wenn es sich beim Kopfauflegen im sexuellen Kontext nicht immer um ein Abbruchsignal handelt, wollen wir es hier zum besseren Verständnis und zur eindeutigeren Abgrenzung nachfolgend ebenfalls beschreiben. Die sexuelle Motivation lässt sich hervorragend an der Ohrhaltung des Senders, gegebenfalls auch an der des Empfängers erkennen. Die Ohren sind nach hinten oben gezogen und tendenziell ist die Ohrmuschel nach außen gedreht. Diese sogenannten „Sexöhrchen" sind leicht erkennbar und ein eindeutiges Indiz für einen sexuellen Kontext. Weitere Hinweise auf diesen Kontext können ein hohes Fiepen, ein Aufrichten des Körpers, also eine imponierende Körperhaltung und schnelle oft ruckartige Bewegungen sein. Ähnlich wie beim Imponieren sollen hier dem Gegenüber die eigenen Vorzüge demonstriert werden. Wie jedem klar sein dürfte, ist das Ziel des Rüden an dieser Stelle ein Besteigen der Hündin zum Zweck der Fortpflanzung. Wie oben beschrieben, führt das Kopfauflegen zum Verharren und kann in diesem Kontext am ehesten als Frage: „Hältst du schon still? Kann ich hinten raufklettern?" verstanden werden. Allerdings treffen sexuell motiviert agierende Rüden eher selten auf Hündinnen in den Stehtagen (die dann wirklich stillhalten) oder sie versuchen sich an für sie offensichtlich gut riechenden Kastraten. Somit müssen sie mit einem Protest des Gegenübers rechnen. Hier kann man oft die Vorstufe des Kopfauflegens beobachten. Hierbei wird das Kopfauflegen nur angedeutet. Es kann von leichten Intentionsbewegungen des Kopfes in Richtung des Schulterbereichs, kurzem Anstupsen, bis hin zu einem schnellen Kopfauflegen mit sofortigem Zurückziehen gehen. Auch ein kurzzeitiges Belecken konnten wir beobachten. Typisch hierfür ist die Tendenz zum Zurückweichen, als würde der Sender eine Protestreaktion erwarten. Diese Protestreaktion lässt sich tatsächlich auch sehr häufig finden.

Wichtig ist, dass junge Rüden, die Gelegenheit haben, dieses Verhalten zu lernen und auch lernen, den Protest und die Ablehnung einer Hündin bzw. eines Kastraten zu akzeptieren. Ebenso sollten Hündinnen lernen, Rüden in diesem Verhalten abzubrechen. Leider finden sich in der Realität viele Hündinnen, die Rüden eben nicht abbrechen können und hilflos dulden, oder Rüden, die kein „Nein" akzeptieren. Hier ist der Hundehalter gefragt, die richtigen Möglichkeiten zu schaffen oder gegebenenfalls zu moderieren, um seinem Hund, dieses Lernen zu ermöglichen. 028

VARIATIONEN

Das Kopfauflegen wird in unterschiedlichen Kontexten und durchaus variabel gezeigt. Hilfreich für die jeweilige Zuordnung ist das gesamte Ausdrucksverhalten beider Akteure. Ohren und Rutenhaltung verraten sehr viel über die Stimmung und Absicht, Körperhaltung und Spannung über die Intensität und die Mimik über die Ernsthaftigkeit. Wie oben bereits erwähnt zeigt die Tendenz, die Ohren nach oben hinten zu ziehen eine sexuelle Absicht an. Nach vorn gerichtete Ohren finden wir häufig im Kontext des Imponierens und des statusanzeigenden Verhaltens, wenn es sich um einen ernst gemeinten Abbruch handelt.
Seitlich getragene Ohren (in Normalstellung) hingegen können auf eine Misch-

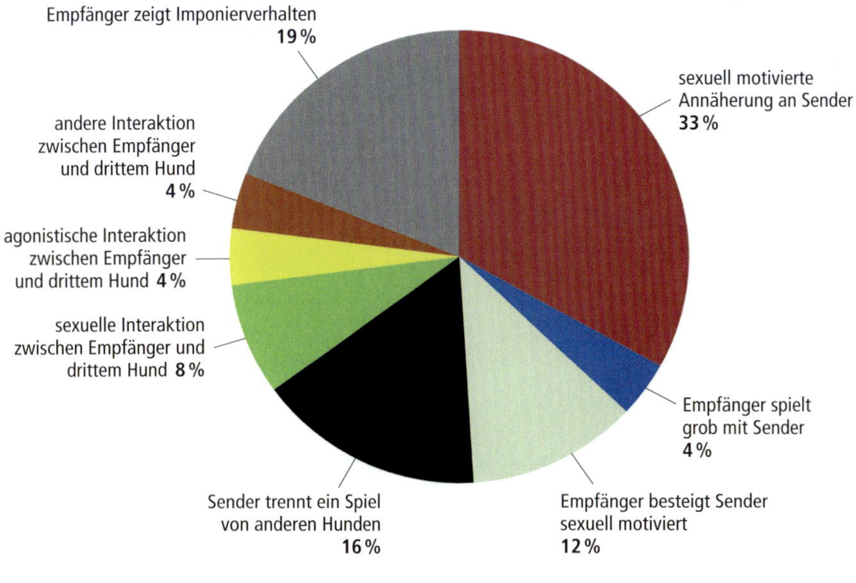

Kontexte, in denen das Kopfauflegen gezeigt wird

motivation hinweisen, als wäre der Sender sich des Ausgangs der Situation noch nicht sicher. Das nach hinten oder hinten/unten Wegziehen der Ohren hat in diesem Fall nichts mit Unsicherheit zu tun. Wahrscheinlich dient es dem Schutz der Ohren bei zu erwartendem Protest durch den Empfänger. Wer lässt sich schon gern die Ohren langziehen, wenn der andere mit Protest reagiert, wie z. B. mit dem Abbruchsignal „Wegschnappen“. Wie beim Wegschnappen in der Grafik zu erkennen, ist der sexuelle Kontext dort häufig.
Ein Blick auf die Grafik (siehe Seite 75) zeigt, dass Kopfauflegen in unseren Untersuchungen auch verwendet wird, um eine Interaktion zwischen zwei anderen Hunden zu unterbrechen (32 %). Die Hälfte dieser Unterbrechungen fanden wir im Spiel. Hierbei kann sowohl das imponierende als auch das sexuell motivierte Kopfauflegen gezeigt werden. Es kann dazu dienen, einen der beiden Hunde von anderen Aktivitäten abzuhalten, um dann z. B. aufzureiten oder in eine Spielaufforderung überzugehen.
Eine ebenfalls wichtige Variation hat von uns den politisch unkorrekten Arbeitstitel „Rüdentanz“ bekommen, da es häufiger von Rüden als Hündinnen miteinander gezeigt wird und wie ein Tanz wirkt. Dabei zeigen die miteinander interagierenden Hunde abwechselt die oben beschriebene Vorstufe Kopfauflegen und drehen sich dabei im Kreis. Dieses Verhalten findet man vorrangig im Fremdkontext. Auch hier gibt es zwei Varianten. Die sexuell motivierte ist neben der charakteristischen Ohrstellung auch an der schnelleren Bewegung zu erkennen. Bei der ernsten Variante sind die Bewegungen deutlich verlangsamt, dies dient der Eskalationsvermeidung. Erkennt man die sexuelle Motivation ist die Wahrscheinlichkeit groß, dass mindestens einer der beteiligten Rüden ein Kastrat ist. Dahingegen sehen wir den ernsten Kontext überwiegend bei zwei intakten Rüden oder Hündinnen

01 Kopfauflegen im Fremdkontakt zweier Rüden

in gleichgeschlechtlichen Konkurrenzsituationen. 029
Größenunterschiede können das Kopfauflegen in beide Richtungen erschweren. Dass ein Jack Russel Terrier Schwierigkeiten hat, den Kopf auf einen stehenden Schäferhund aufzulegen liegt nahe. Aber auch andersrum kann es schwierig sein. Wir haben z. B. beobachtet, wie ein Labrador mit dem Kopf senkrecht über einem Dackel stand. Die senkrechte Komponente spricht eher für einen Nackenstoß, allerdings sprachen viele andere Komponenten, wie der stumpfe Winkel, das langsame Rüberschieben, der Kontext und die Antwort des Dackels eher für ein Kopfauflegen. Daher gehen wir in diesem Fall davon aus, dass die senkrechte statt waagerechte Kopfhaltung dem Größenunterschied der beiden Hunde geschuldet ist und vermuten dass es sich hier um eine Variation des Kopfauflegens gehandelt hat. 030

Zufällige Situation im Vorbeilaufen, kein Abbruch

02 Dies wird hier mit Wegschnappen beantwortet.

DIE ETABLIERUNG

Eine Beobachtung zwischen einem Sender und einem Empfänger hat uns anfangs überrascht. Erst konnten wir ein Umrempeln beobachten. Das Ergebnis war ein auf dem Boden liegender Empfänger. Danach folgte für einen kurzen Zeitraum von zwei bis drei Tagen ein Über-den-Rücken-Greifen mit einem anschließenden Umziehen oder, wenn der Empfänger versuchte, sich dagegen zu stemmen, ein Umschieben. Wieder war das Ergebnis ein auf dem Boden liegender Empfänger. Später reichte ein Verharren und Stillhalten des Empfängers aus, ohne dass er auf dem Boden lag.

Im weiteren Verlauf zeigte der Sender, statt über den Rücken zu greifen, ein Kopfauflegen. Die Antwort des Empfängers war deutlich zu erkennen. Überrascht hat uns die Parallele zu dem Über-den-Rücken-Greifen aus dem Video von Günther Bloch (siehe Video 012) sowie zu unseren Beobachtungen bei Welpen. Die Mutter griff den Kleinen ebenfalls über den Rücken und drehte sie um, um sie z. B. zu säubern. Hier wurde sowohl das Signal als auch die Antwort reduziert.

Da wir dies häufiger beobachten konnten, haben wir das Handlungsnetz des Kopfauflegens für diese Etablierung ergänzt. 031

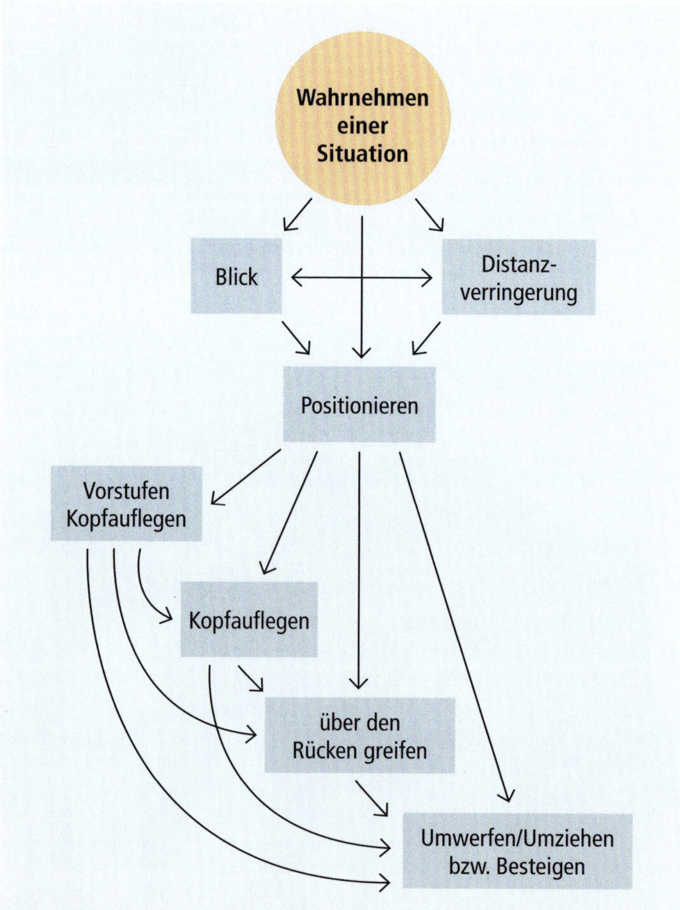

Handlungsnetz Etablierung des Kopfauflegens

Hier wurde die Interaktion zweier Hunde durch die ältere Hündin unterbrochen.

DIE STEIGERUNG – VOM KOPF-AUFLEGEN ZUM NACKENSTOSS

Falls das Kopfauflegen ignoriert wird, ist eine dokumentierte Möglichkeit der Steigerung das Besteigen mit eventuell anschließendem Nackenstoß. Besteigen kann in vielen Kontexten vorkommen (siehe Kapitel 10, ab Seite 124). Dieses Besteigen ist erkennbar an einer hohen Körperspannung, einem dabei fixierenden Blick in den Nacken, der ganze Kopf ist auf den Nacken des Empfängers ausgerichtet, gegebenfalls wird das Besteigen von einem tiefen Knurren begleitet. Hält der Empfänger nun nicht still, folgt aus der besteigenden Position ein Nackenstoß. Das gilt auch für ein mögliches Entziehen des Empfängers. Er hat nur eine Option: still halten, kleinbeigeben. Manchmal kann so eine Sequenz auch durch einen Protest oder einen Abbruch, wie Wegschnappen, des Empfängers enden. 032

Wie in dem Video in der ersten Sequenz zu erkennen ist, legt der weiße Hund dem schwarzen den Kopf auf, dieser ignoriert es bzw. entzieht sich. In der nächsten Sequenz kann man sehen, wie der erneute Versuch, sich zu entziehen, mit einem Besteigen beantwortet wird. Während dem Besteigen zeigt der weiße Hund eine Licking Intention, wie sie auch von sozial sicheren Hunden beim Drohen gezeigt werden kann (Feddersen-Petersen, 2008). Auf das erneute Entziehen (Vorwärtsbewegung des schwarzen Hundes) zeigt der Sender einen Nackenstoß. Dies passiert ganze drei Mal. Beim dritten Mal protestiert der schwarze Hund, er dreht sich um und zeigt ein Wegschnappen. Wie es weiter ging, können wir leider nicht sagen, da das Video hier endet.

FALLBEISPIELE FÜR DIE FREIE VERWENDUNG VON ABBRUCHSIGNALEN

In diesem Video mit der jungen Wolfshündin und dem älteren Schäferhund 033 kann man gut erkennen, wie die Wolfshündin mit der Schnauze in Richtung Widerrist des Schäferhundes geht. Es scheint, als hätte sich die junge Hündin damit zu viel herausgenommen. Denn der Schäferhund reagiert mit einem Wegschnappen („Lass mich!" siehe Kapitel 4 „Wegschnappen", ab Seite 64). Auf die erneute Vorwärtsbewegung der Wolfshündin reagiert der Schäferhund mit Aufspringen, Distanzverringerung und Positionieren. Da der Kopf des Schäferhundes nun hinter dem Kopf des Wolfhundes ist,

01 Der Versuch die Interaktion durch Kopfauflegen zu beenden …

02 … wurde ignoriert.

03 Daraufhin folgte ein Besteigen.

können wir nur vermuten, dass seine Kopfbewegung nach vorn ein seitlich ausgeführter Nackenstoß ist („Lass es! Es reicht!" – siehe Kapitel 11 „Nackenstoß", ab Seite 130). Man sieht auch die Ohren kurz nach vorn gehen, was ein Indiz für eine Berührung ist. Die seitliche Variation ist hier der Position und dem Größenunterschied geschuldet. Zudem wird der Nackenstoß im Vertrauten oft weniger intensiv ausgeführt. Danach kann man deutlich ein Fokussieren des Nackens der Wolfshündin sehen, wie wir es aus dem Handlungsnetz Nackenstoß (siehe Kapitel 11, Seite 132) kennen. Doch statt einem Nackenstoß wird der Blick ungerichtet und es folgt ein Kopfauflegen („Fahr runter!"). Diese beiden Hunde kennen sich gut und interagieren viel miteinander. Die Wolfshündin ist eine junge sehr impulsive, distanzlose Hündin, sozusagen der gutmütige Elefant im Porzellanladen. Die Wirkung der Signale „Lass es! Es reicht!" und „Fahr runter"! ist deutlich an der Reaktion der Wolfshündin zu erkennen. Dieses Video ist auch ein gutes Beispiel dafür, dass Abbruchsignale frei in ihrer Reihenfolge auf den Kontext angepasst werden können.

ANTWORTEN

Die häufigste von uns beobachtete Antwort ist das Stillhalten. Wie in der Grafik zu erkennen, ist der Anteil des Stillhaltens bei allen Möglichkeiten insgesamt 67 %. Das bestätigt die mindestens unterbrechende Wirkung des Kopfauflegens und somit die Einordnung als Abbruchsignal. In 33 % der Fälle kam es zu einer Distanzvergrößerung, Protest oder Ignorieren des Kopfauflegens ohne ein Stillhalten. Dies passt zu den Beobachtungen in den anderen Kontexten, wie z. B. dem sexuellen Kontext.

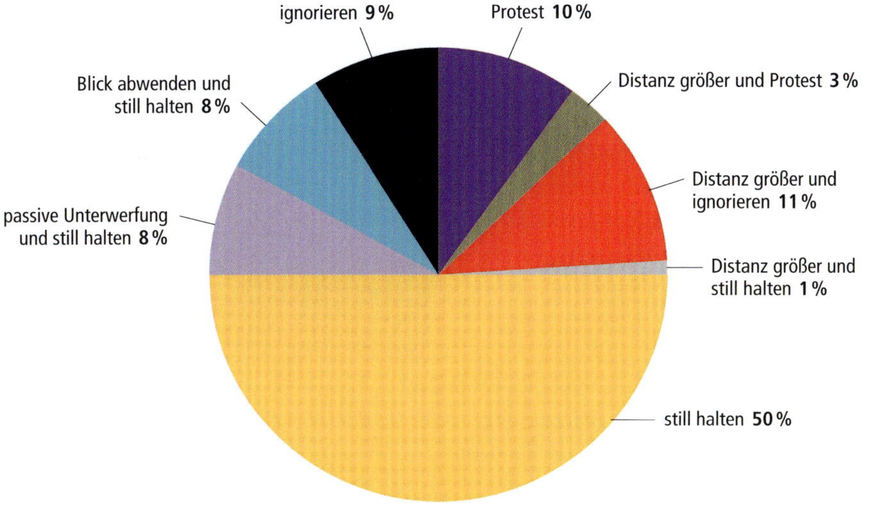

Antworten beim Kopfauflegen

01 Im Spiel zweier vertrauter Rüden wird der jüngere zu intensiv.

BEDEUTUNG

Situationen, in denen das Kopfauflegen gezeigt wird, weisen alle eine gewissen Intensität oder Dynamik auf. Der Empfänger des Signals verhält sich entweder dem Sender gegenüber aufdringlich (sexuell motiviertes Verhalten, grobes Spiel), imponiert oder interagiert mit einem Dritten (Spiel, sexuell motiviert, agonistische Interaktion oder andere Interaktion). Unserer Beobachtung nach ist diese Interaktion mit einem Dritten eher intensiv, schnell oder grob. Hält der Empfänger, nachdem der Kopf aufgelegt wird, still, folgt kein weiteres Abbruchsignal. Die vorherige Handlung kann sogar nach einer Pause etwas gehemmter wieder weitergehen.
Das führte uns zu dem Schluss, dass das Kopfauflegen eher einen unterbrechenden Charakter hat und die Aussage in Richtung: „Halt still!", „Nicht so doll!", „Fahr mal runter!" bzw. im sexuellen Kontext eventuell auch in Richtung einer Fragestellung „Hältst du schon still?" geht.

03 ... legt der ältere den Kopf auf den Nackenbereich ...

02 *Aufgrund des deutlichen Größenunterschieds …*

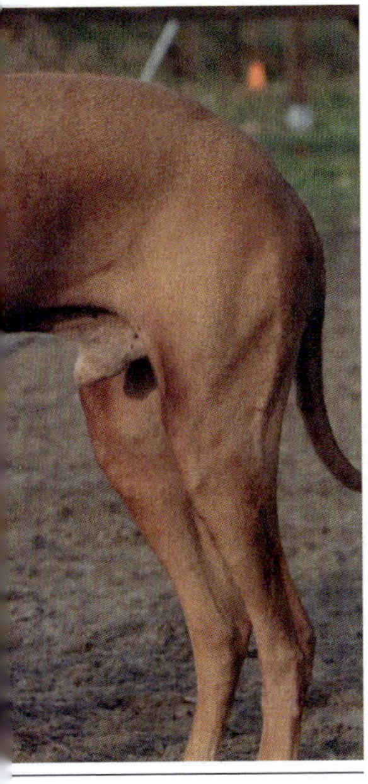

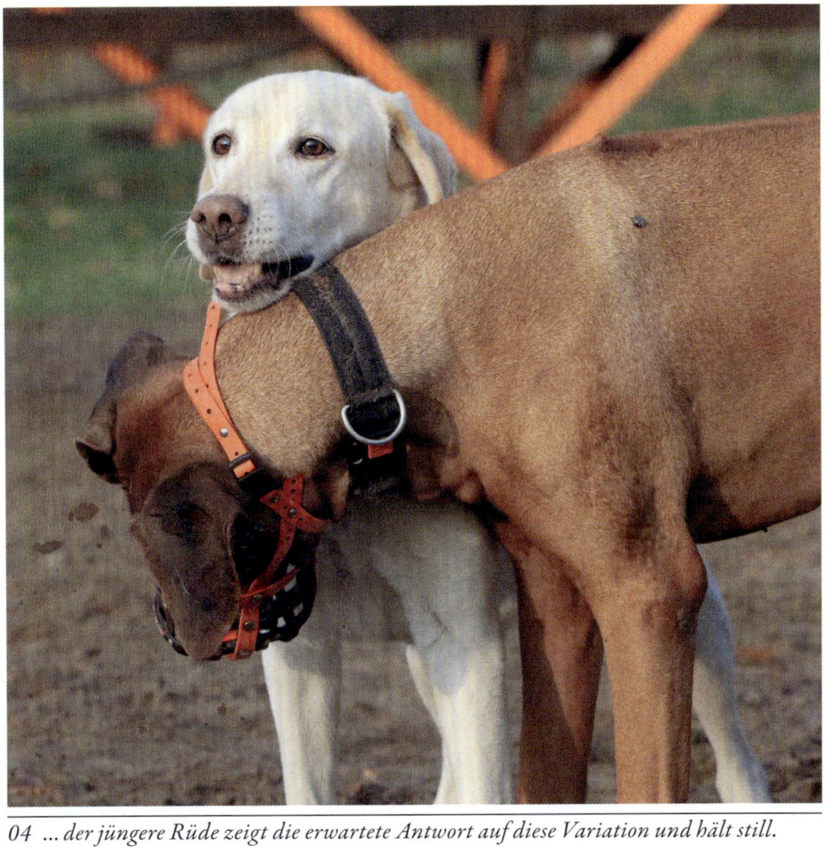

04 *… der jüngere Rüde zeigt die erwartete Antwort auf diese Variation und hält still.*

DAS BESTEIGEN
— *Abbruchsignal oder Signal mit Abbruchcharakter?*

DAS BESTEIGEN IM ÜBERBLICK

Das Besteigen finden wir in der Kommunikation unter Hunden in vielen unterschiedlichen Situationen. Auch die Bedeutungen sind nicht weniger vielfältig. So kann es natürlich zu einem hohen Prozentsatz der sexuellen Absicht zugeschrieben werden. Die Einschätzung dieser Bedeutung anhand der Ohrenhaltung haben wir bereits im Kapitel Kopfauflegen (siehe Seite 110) beschrieben. Es kann jedoch genauso gut zur Spielaufforderung, im Spiel selbst, zum Stressabbau oder eben zur Maßregelung verwendet werden.
Ob dieses zuletzt erwähnte Besteigen ein eigenständiges Abbruchsignal ist, oder aufgrund anderer Faktoren im Lauf der Ontogenese lediglich einen abbrechenden Charakter erfährt, bleibt bis heute offen. Wir möchten an dieser Stelle auch keine endgültige Einteilung festlegen. Ein vorsichtiger Blick auf diese Problematik ist auch zwingend geboten. Dies werden die Grafiken unserer Datenerhebung und die Videobeispiele zeigen.
Das Besteigen, um das es in diesem Kapitel geht, finden wir in Konfliktsituationen, bei denen entweder ein Kopfauflegen ignoriert wurde oder gleich übersprungen wird. Ein Fehlen des Kopfauflegens kann möglicherweise dadurch zu erklären sein, dass der Empfänger, vertieft in seine Handlung, so wenig außenherum mitbekommt, dass ein intensiveres Abbruchsignal erfolgversprechender erscheint.

Ein häufiger Kontext in unserer Beobachtung war eine sexuelle Motivation beim Empfänger. Dies kann ein sexuelles Interesse bzw. eine Interaktion wie Aufreiten oder ein sexuell ausgerichtetes Spiel sein. Ein sehr intensives körperbetontes Spiel zweier Hunde, die Entstehung von Bindungen bzw. Allianzen, Erziehungsabsichten und die Etablierung von Statusbeziehungen sind ebenfalls Kontexte für das Auftreten des Besteigens. Häufig geht dem Ganzen eine Missachtung gezeigter Abbruchsignale wie z. B. einer T-Position voraus.

BESCHREIBUNG

Hat der Sender die Situation wahrgenommen, also eine der oben angeführten Situationen, so nähert er sich dem Empfänger. Hierbei lässt er ihn nicht aus den Augen. Dieser gerichtete, eigentlich schon als fixierend zu beschreibende Blick ist das erste Merkmal, das auf den Abbruchcharakter hinweist. Besteigt der Sender nun einen Hund, so ist eine deutliche Unterscheidung von anderen Formen möglich. In der Regel wird von hinten auf den Empfänger aufgeritten. Hierbei sind der gerichtete Blick, das Ausrichten der Schnauze und der Ohren auf den Nacken des Empfängers identisch zum Stalken und Nackenstoß. Oftmals wird das Ganze von einem tiefen, leisen Knurren begleitet. Das Besteigen erfolgt meist sehr ruhig und langsam, solange es die Bewegungen des Empfängers ermöglichen. Wird diese Aussage vom Empfänger nicht oder zu langsam beachtet oder durch Protest beantwortet, kann ein Nackenstoß zur Durchsetzung des Abbruchs erfolgen. Der Zusammenhang zwischen den folgenden drei Handlungen Kopfauflegen ▸ Besteigen ▸ Nackenstoß ist auffällig. Es drängt sich der Eindruck auf, dass das Besteigen wie eine Positionierung zum Nackenstoß zu werten ist. Somit wäre es eher als ein Signal mit Abbruchcharakter einzuordnen, als es als ein eigenständiges Abbruchsignal zu werten (siehe Seite 21). Als wir vor einigen Jahren diese Beobachtung Angelika Lanzerath schilderten, kam ein spontanes „Ja, das stimmt. So kenne ich das auch!" Zehn Minuten später kam sie mit einem Video von einer ihrer Trainingsstunden wieder, dass das ebenfalls dokumentierte (siehe Video 032).

VARIATIONEN

Nicht selten ist beim Besteigen auch ein seitliches Aufreiten zu beobachten. Diese Abweichung kann ganz unterschiedliche Gründe haben. Körperliche Größenunterschiede sind hier zu nennen. Weiterhin ist es fast unmöglich bei einem Empfänger, der bereits seinerseits auf einen Hund aufreitet, in eine geeignete Position zu kommen. Gerade in der sexuellen Variante des Besteigens wird der Kopf des Besteigenden meist weit nach vorn gestreckt. Es ist also nahezu unmöglich in eine Position zu gelangen, in der ein Nackenstoß angedeutet, geschweige denn ausgeführt werden kann. Es sei denn, der Irische Wolfshund weist den Pinscher zurecht. Allerdings würde der Irische Wolfshund sich dann wohl eher einfach über den Pinscher stellen, anstatt aufzureiten, was eine weitere Form der Variation darstellt. 034

ANTWORTEN

Die Grafik zu den Antworten zeigt nur fünf Antwortmöglichkeiten, die wir feststellen konnten. Dabei ist der größte Anteil mit 38 % ein Ignorieren des Senders. Über ein Drittel führen beim Empfänger also nicht zu einem Abbruch seiner Handlung.
Bei den übrigen Antworten finden wir zwei Richtungen, die den Verlauf im Weiteren andeuten können. Die erste Richtung sind die erwarteten Antworten. Eine submissive Antwort, die durch ein Stillhalten/Kleinmachen und im weiteren Verlauf durch Beschwichtigen und Unterbrechen der vorherigen Handlung gekennzeichnet ist.
Die zweite Richtung ist der Protest. Elemente des defensiven Protestes können gezeigt werden, ohne dass es zur Eskalation kommt. Ein offensiver Protest, das kann ein offensives Wegschnappen oder gleich ein Kampf sein, lässt die Situation eskalieren, da das dann in der Regel zu einer Steigerung seitens des Senders führt.
Das Ignorieren, das in 38 % der Antworten gezeigt wird, wird erst durch einen Blick auf die Kontexte verständlich.Der größte Anteil, der von uns erfassten Kontexte lag im Bereich des Spiels. Genauer gesagt hat der Sender in diesen Situationen versucht, das Spiel zweier interagierender Hunde zu trennen. Dieser Handlung gingen meist Versuche voraus, den später bestiegenen Hund selbst für ein Spiel zu gewinnen. Auffällig war dabei, dass es fast nie zu einem Drohen durch den Sender kam. Ähnlich wie die Beobachtung, dass das Andeuten des Kopfauflegens mit sexueller Absicht ein Austesten ist, ob die Hündin schon stillhält, liegt hier also die Vermutung nahe, dass dieses Besteigen eine Aufforderung an den Empfänger ist. Die Aussage „Spiel lieber mit mir!" würde es wohl ganz gut treffen.
In unseren Beobachtungen konnten wir feststellen, dass in den meisten Fällen diese „Bitte" nicht erhört wurde.

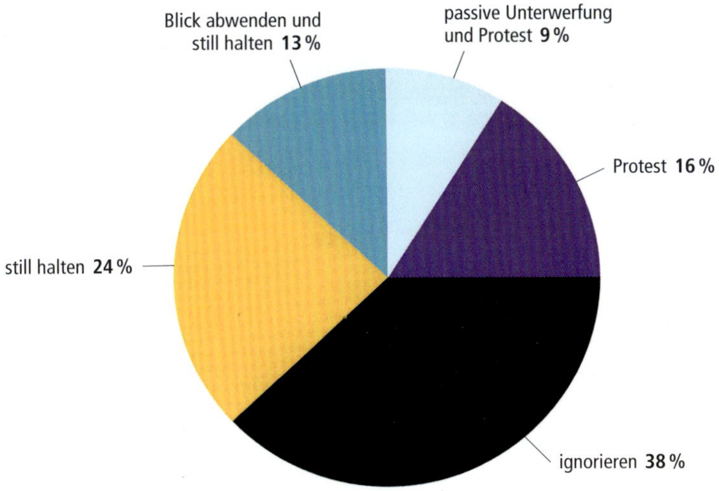

Antworten auf das Signal Besteigen

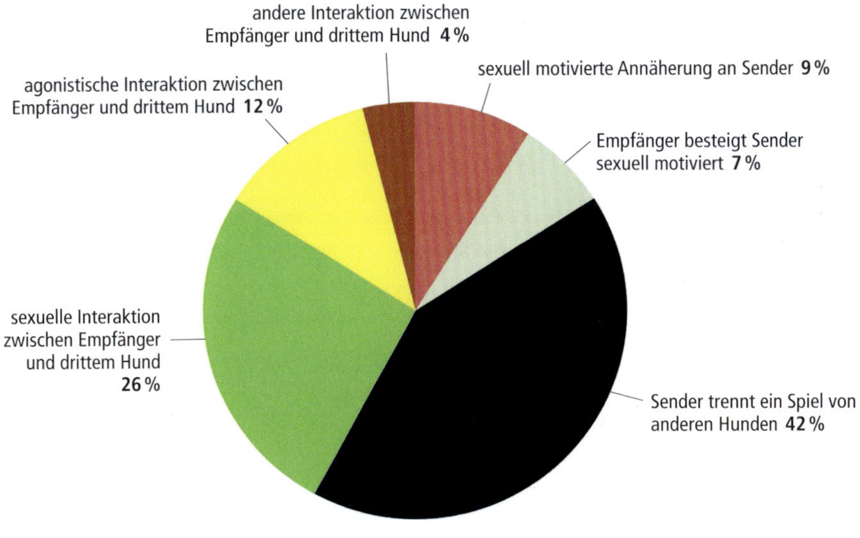

Kontexte, in denen das Besteigen gezeigt wird

Sexuell motiviertes Besteigen ohne Ausrichtung auf den Nacken

BEDEUTUNG

Um die Bedeutung des Signals zu erfassen, ist es hilfreich, sich noch einmal die Problematik der Einordnung anzusehen. Schauen wir uns einmal diesen Ablauf genauer an, um zu verdeutlichen, warum die Fragestellung Abbruchsignal vs. Signal mit Abbruchcharakter entsteht. Dazu gehen wir von dem gesamten Ablauf „Kopfauflegen – Besteigen – Nackenstoß“ aus.

Weder beim Kopfauflegen noch beim Besteigen sind Handlungen zu finden, die den Sender in die Lage versetzen, seinen Abbruch auch durchzusetzen. Werden sie also durch den Empfänger ignoriert, und dieser führt sein Treiben fort, bleibt nur die Steigerung übrig, falls der Sender seine Absicht nicht aufgibt.
Da aber gerade die aggressive Kommunikation dazu dient, Konflikte zu vermeiden, entstehen solche Stufen der Intensitätssteigerung bei Abbruchsignalen.

Besteigen mit Fixieren und Ausrichten auf den Nacken – Abbruchsignal

Als eine solche Intensitätssteigerung ist das Besteigen mit Drohen anzusehen. Die Einzelelemente, die dieses Besteigen beinhaltet, also Fixieren, Ausrichten auf den Nacken des Empfängers und Knurren, haben eine deutlich höhere Charakteristik des Drohens, als das Aufreiten an sich. Die langsame Bewegung und das Drohen in der Kombination sprechen dafür, dass eine Eskalation vermieden werden soll. Durch die körperliche Nähe zum Nacken und das „Festhalten" beim Besteigen wird eine deutliche Steigerung zum vorhergegangenen Kopfauflegen erreicht. Dies reicht jedoch bei Nichtbeachtung auch nicht aus, um den Abbruch durchzusetzen. Dies gelingt erst durch den Nackenstoß.

Es reihen sich: „Fahr runter!" (= Kopfauflegen) – „Gleich ist Schluss mit lustig!" (= Besteigen) – „Es reicht jetzt!" (= Nackenstoß) aneinander. In unserer eigenen Kommunikation nutzen wir den gleichen Ablauf. Wir sagen, was zu unterlassen ist, wir ermahnen und wir setzen durch.

DER NACKENSTOSS
— *die Spitze der Abbruchsignale*

DER NACKENSTOSS IM ÜBERBLICK

Der Nackenstoß ist eines der ersten drei Signale, die wir beobachtet und beschrieben haben. Hierbei stößt der Sender senkrecht mit der Schnauze in den Nacken des Empfängers. Uns fiel auf, dass dieses Signal immer wieder auftaucht, nachdem andere Signale ignoriert wurden, und dass die Antworten auf dieses Signal meist sehr defensiv sind, z. B. stehen bleiben, sich kleinmachen oder der Versuch, sich langsam zu entziehen. Ein Protest oder Wegschnappen, wie oft als Reaktion z. B. auf ein Kopfauflegen, kommt hier nur selten vor. Schnell wurde uns klar, dass dies nicht einfach nur ein weiteres Abbruchsignal ist. Der Nackenstoß ist ein sehr intensives, wenn nicht das intensivste Abbruchsignal, das wir bisher entdeckt haben. Man könnte ihn durchaus als Spitze der Abbruchsignale bezeichnen.

Eine weitere Besonderheit beim Nackenstoß ist das Stalken, auf das in diesem Kapitel nochmal näher eingegangen wird. Wenn das Stalken verwendet wird, kommt es im Handlungsnetz vor dem Nackenstoß und gleicht aus menschlicher Sicht fast schon einem Nervenkrieg.

Es fällt auf, dass der Nackenstoß bisher in der Literatur kaum Erwähnung fand. Wir haben es nur im Buch „Hunde verstehen mit Jan Nijboer" (2004) gefunden. Wieso das so ist, können wir nur vermuten. Ein Punkt könnte sein, dass viele Hundebeobachtungen aus eher miteinander vertrauten Gruppen stammen und wir den Nackenstoß nicht nur, aber hauptsächlich im Fremdkontext beobachten konnten. Zudem fällt er im Vertrauten weniger auf (siehe „Antworten", Seite 174).

Der Nackenstoß selbst ist ein recht kurzes Signal, auf das in der Regel eine deutliche Antwort folgt, sodass die Aufmerksamkeit des Beobachters meist von dieser eingenommen wird. Dass der Nackenstoß so kurz ist, macht es übrigens auch so schwer, ihn zu dokumentieren, vor allem fotografisch. Und zu guter Letzt ist der Nackenstoß nicht so häufig, wie man nun meinen könnte. Gerade weil er oft das letzte Mittel zu sein scheint, um dem anderen die Grenzen aufzuzeigen, wird er eher selten verwendet. Wie bereits zuvor erwähnt, wollen die meisten Hunde keine Eskalation. So haben wir oft beobachten können, dass das Handlungsnetz Nackenstoß vor dem eigentlichen Abbruchsignal Nackenstoß abbrach, da der Empfänger eine entsprechende Reaktion zeigte.

BESCHREIBUNG

Der Auslöser für den Nackenstoß, bzw. der Start für den Ablauf des Handlungsnetzes kann vielfältig sein. Der Sender nimmt eine Situation wahr, um die er sich offensichtlich kümmern möchte (hiervon kann man ausgehen, da er aktiv wird). Dies kann eben auch das Ignorieren anderer Abbruchsignale sein. Nach der Wahrnehmung folgt ein Blick. Reicht dieser nicht aus, um den Empfänger abzubrechen – wie oben beschrieben ist das bei entsprechender Antwort des Empfängers an jeder Stelle des Handlungsnetzes möglich – verringert der Sender die Distanz und fokussiert den Nacken des Empfängers. Das bedeutet, die Augen, die Ohren und die Schnauze werden auf den Nacken des anderen Hundes ausgerichtet. Wir konnten beobachten, dass allein schon dieses Fokussieren beim Empfänger eine deutlich deeskalierende Reaktion zur Folge haben kann (sich kleinmachen, in die passive Unterwerfung fallen etc.). Bleibt diese Antwort aus, folgt entweder erst ein Stalken, das heißt, der andere Hund wird leicht nach hinten versetzt im spitzen Winkel fast parallel verfolgt, während Augen, Ohren

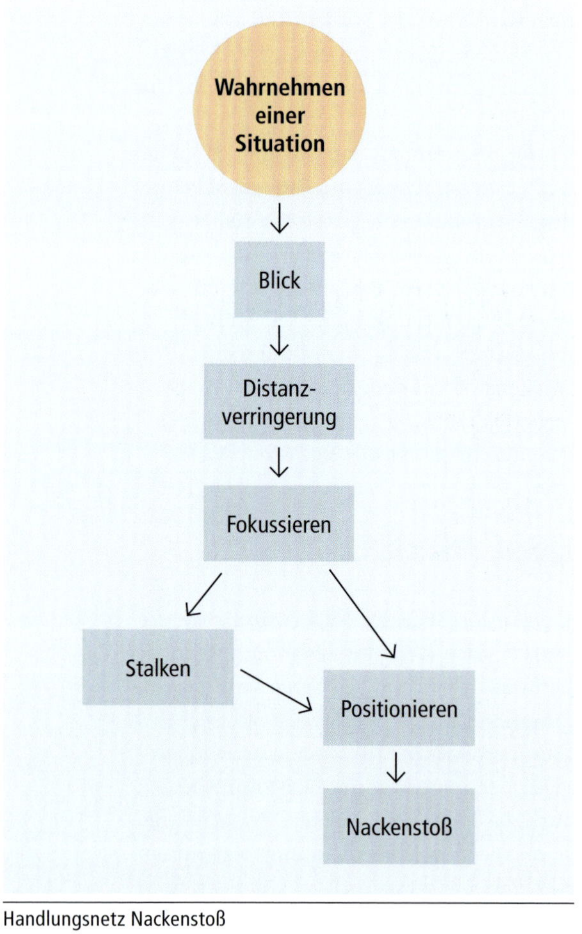

Handlungsnetz Nackenstoß

und Schnauze immer noch auf den Nacken ausgerichtet sind. Nach dem Stalken bzw. auch manchmal direkt nach dem Fokussieren folgt ein Positionieren des restlichen Körpers (zusätzlich zu Ohren, Schnauze und Augen) in Ausrichtung auf den Nacken (immer noch im spitzen Winkel). Man könnte fast sagen, der Sender bereitet sich auf den Nackenstoß vor, wie ein Bogenschütze den Bogen spannt. Dem Nackenstoß geht meist ein Sprung voraus, vermutlich um mehr Energie in den Stoß zu bringen, aber eventuell auch, um mögliche Größenunterschiede auszugleichen. Der Nackenstoß erfolgt senkrecht in den Nacken des anderen. Der Fang ist dabei meist geöffnet. Der Nacken kann dabei auch gepackt werden, vor allem bei Protest des Empfängers.
Das folgende Video 035 zeigt einen Ausschnitt aus einer Interaktion von einem Wolfhund und einem Doggenrüden. Beide Rüden waren zu diesem Zeitpunkt intakt. Der Doggenrüde war neu in der Gruppe und hatte bereits mehrfach die Signale des älteren Rüden ignoriert. Der Doggenrüde interagierte mit einer Hündin aus der Gruppe und ließ sich auch nach mehrmaligem Querlaufen des Wolfhundrüden und der damit verbundenen Aussage: „Lass meine Sozialpartner in Ruhe!“ (siehe Abbruchsignal T-Position) nicht davon abbringen. Daraufhin wendete der Wolfhundrüde einen Nackenstoß an. Hier ist gut zu sehen, wie der Wolfhund die Distanz verringert, fokussiert, sich im spitzen Winkel zur Dogge positioniert und mit einem kleinen Sprung von oben fast senkrecht mit geöffnetem Fang in den Nacken der Dogge stößt. „Es reicht!“ scheint er ihm zu sagen. Tatsächlich zeigte sich der Doggenrüde im Anschluss an dieses Signal zurückhaltender.
Als Steigerung z. B. vom Kopfauflegen geht dem Nackenstoß oft ein Besteigen voraus. Dieses Besteigen kann eine Positionierung für den Nackenstoß sein (siehe „Abgrenzung zu anderen Signalen“, Seite 136).

Submissive Reaktion auf einen angedeuteten Nackenstoß

☞ BESCHREIBUNG DES HANDLUNGSNETZES ZUM NACKENSTOSS

Ethogrammelement	Im Handlungsnetz des Signals	Beschreibung
Blick	Nackenstoß	Beschreibt die Ausrichtung der Augen mit oder ohne Hinwenden des Kopfes zu einem anderen Hund.
Distanzverringerung	Nackenstoß	Beschreibt die situativ angepasste aktive Verringerung des Abstandes. Beim **Nackenstoß** typischerweise überfallartig.
Fokussieren	Nackenstoß	Beschreibt die Ausrichtung der Augen, Ohren und der Schnauze auf den Kontaktbereich Nacken.
Nackenstoß	Nackenstoß	Mit der Schnauze von oben nach unten in den Nacken stoßen oder diesen packen. Meist geht ein Sprung voraus.
Positionieren	Nackenstoß	Beschreibt die Ausrichtung des Kopfes und/oder der Körperachse im Teil oder im Ganzen auf den Kontaktbereich des Signalempfängers. **Nackenstoß:** Kontaktbereich ist der Nacken, der Winkel zum Empfänger ist meist spitz.
Stalken	Nackenstoß	Das parallele Verfolgen, fokussiert auf den Nacken mit Unterschreitung der Individualdistanz.

01 Stalken: Verfolgen mit Fixieren des Nackens

02 Die submissive Antwort der Bardino Hündin …

03 … führte dazu, dass der Nackenstoß nicht ausgeführt wurde.

DAS STALKEN

Das Stalken ist ein Verhalten, das wir im Handlungsnetz des Nackenstoßes finden. Aufgrund der Besonderheiten dieser Handlung schauen wir sie uns im Folgenden genauer an.
Beim Stalken verfolgt ein Hund den anderen im spitzen Winkel, d. h. fast parallel zu ihm, Blick, Ohren und Schnauze sind dabei auf den Nackenbereich ausgerichtet. Dabei läuft er leicht nach hinten versetzt zum anderen Hund, sodass er im toten Winkel läuft und der andere ihn mehr spürt, als dass er ihn sehen kann. Anhand der Körpersprache des anderen Hundes kann man erkennen, wie unangenehm dieses Signal für den Empfänger sein muss. Wer das einmal am eigenen Leib erleben möchte, muss nur jemand anderen bitten, sich sehr dicht und leicht versetzt hinter ihn zu stellen und mit „strengem Blick" und angespannten Muskeln in den Nacken zu starren. Wenn man sich nun vorstellt, dass man den anderen nicht kennt, wird diese Wirkung noch verstärkt. 036
Der Empfänger hat nur wenige Optionen auf dieses Signal zu reagieren und er kann sich dem Stalken in der Regel erst entziehen, wenn der Sender dies zulässt. Protest und Ähnliches wird meist sofort mit einem eher massiven Nackenstoß beantwortet. Das Stalken kommt durchaus dem oben erwähnten Nervenkrieg gleich und wir haben diesem Signal daher auch bewusst einen Namen gegeben, der diese Intensität und fast schon Machtlosigkeit des Empfängers wiederspiegelt. Auch Hundehalter können diese Spannung oft nahezu schon körperlich spüren.
Das Stalken sollte nicht mit dem Querlaufen aus dem Handlungsnetz der T-Position verwechselt werden. Hier kann es auch kurzfristig aufgrund der Bewegungen von Sender und Empfänger zueinander zu einem Hinterherlaufen im spitzen Winkel kommen. Allerdings ist der Kopfbereich nicht wie beim Stalken auf den Nacken fokussiert, es wird vielmehr der Blick des anderen gesucht und der Sender läuft am Empfänger vorbei, überholt ihn sozusagen und, wie der Name schon sagt, läuft er danach quer vor ihm entlang. Beim Stalken bleibt der Sender in dieser scheinbar unangenehmen Position im toten Winkel hinter dem Empfänger.

VARIATIONEN

Der bereits beschriebene Ablauf ist die von uns aus allen Beobachtungen herauskristallisierte Idealform vom Nackenstoß. Selbstverständlich kommt es auch hier zu Variationen.
Im Fremdkontext konnten wir häufig beobachten, wie nach dem Positionieren (und ggf. einem Sprung) der Empfänger mit meist offenem Fang ungebremst und hart getroffen wurde. Das Einsacken der vorderen Körperregion des Empfängers deutet auf die Kraft hin, die dabei vom Sender eingesetzt wird. Da allerdings viele Hunde auch mit einem schnellen Wegducken reagieren, ist dies nicht immer ganz eindeutig einzuschätzen. Im vertrauten Kontext dagegen wurde der Nackenstoß nach dem Positionieren (und ebenfalls ggf. einem Sprung) kurz vor dem Nacken ein wenig ausgebremst. In manchen Fällen war der Fang dabei geschlossen. Oft wirkte der Nackenstoß hier eher wie ein Antippen. Dieses Video zeigt einen Nackenstoß im vertrauten Kontext: 037 Der Husky-Mix (Sender) stoppt mit einem Nackenstoß den Ridgeback (Empfänger) aus der Interaktion mit dem Labrador. Der Ridgeback lässt daraufhin sofort von dem Labrador ab und weicht dem Husky-Mix aus. Viel auffälliger als der Nackenstoß selbst ist hier die Reaktion des Empfängers.

Selbstverständlich spielen auch Körpergröße und Kraft der beiden beteiligten Hunde eine große Rolle. So lässt sich vermuten, dass der Sprung, der oft dem Nackenstoß vorausgeht, unter Umständen nicht nur zum Schwungholen gedacht ist, sondern ggf. auch um einen Größenunterschied zu überwinden. So kann der Wolfhund aus dem oben beschriebenen Video 038 (siehe Seite 132) einen Nackenstoß bei der Dogge anwenden, der offensichtlich auch beeindruckend ankommt, wenn man sich die Reaktion ansieht. Allerdings gibt es hier auch Grenzen. So wird ein Dackel dieses Signal bei einer Dogge eher nicht zeigen können.
Wir konnten auch schon die eine oder andere leicht schräge Ausführung beobachten. So wie in dem Video 039 : Der Empfänger (Ridgeback) besteigt einen anderen Ridgeback. Der Sender (Husky-Mix) zeigt einen eher schräg anmutenden Nackenstoß, da er aufgrund der Höhe keine andere Wahl hat. Auch viel Bewegung und ein seitliches Ausweichen des Empfängers können den spitzen Winkel zwischen Sender und Empfänger verschieben und auch den Nackenstoß eher schräg als senkrecht werden lassen.

Vorstufe zum Nackenstoß

Spielerisch eingesetzter Nackenstoß

ABGRENZUNG ZU ANDEREN SIGNALEN

Tatsächlich kann man manchmal, auch aufgrund der hohen Variabilität der hundlichen Kommunikation, den Nackenstoß nur vermuten. Aber trotzdem gibt es bei aller Variabilität ein paar wichtige Punkte auf die man achten kann:

— Der beabsichtigte Kontaktbereich vom Nackenstoß ist der Nacken, nicht der Schulterbereich, wie z. B. beim Kopfauflegen.
— Die Bewegung geht möglichst von oben nach unten und nicht seitlich wie beim Wegschnappen und Kopfauflegen. Thomas Bursch beschrieb die Kopfhaltung kurz vor dem Zustoßen wie die eines spanischen Reitpferds.
— Weitere Hinweise auf den Nackenstoß finden wir schon vorher im Handlungsnetz: Der spitze Winkel zwischen dem Körper des Senders und dem des Empfängers ist ein deutlicher Unterschied zu dem eher rechten Winkel zwischen beiden, in dem sich der Sender beim Kopfauflegen positioniert.

Nackenstoß in einem grobem Spiel zur Unterbrechung

— Das Stalken ist sehr typisch für das Signal des Nackenstoßes und wie oben beschrieben finden wir es bei keinem anderen Signal wieder.

Wenn man sich trotz allem nicht sicher ist, ob das nun ein Nackenstoß oder ein anderes Signal war, kann man immer noch auf die Reaktion des Empfängers achten. Dieses Video gibt eine kleine Übersicht über den Nackenstoß und wie er aussehen kann. 040 Das oben erwähnte Besteigen als Positionierung zum Nackenstoß hat oft eine ähnliche Reaktion zur Folge wie das Stalken. Wie beim Fokussieren werden hier auch die Augen, die Ohren und die Schnauze auf den Nacken ausgerichtet, die gesamte Körperhaltung des Senders ist sehr steif und es ist oft eine Licking Intention zu sehen. Man könnte in diesem Fall das Besteigen als eine verstärkte Variante des Stalkens bezeichnen, mit der der Sender sich für den Nackenstoß positioniert. Aus dieser Position erfolgt im Fall eines weiteren Ignorierens (z. B. auch beim Entziehen) durch den Empfänger ein Nackenstoß. 041

Umfallen in die passive Unterwerfung als Antwort

ANTWORTEN

Wir konnten viele mögliche Antworten auf den Nackenstoß beobachten. Interessant ist, dass der Nackenstoß in unseren Untersuchungen nie ignoriert wurde. Zudem fehlte ebenfalls die eher sozio-positive aktive Unterwerfung. Auch protestiert wurde nur selten. Wenn wir alle beobachteten Antwortmöglichkeiten betrachten, ist die häufigste Reaktion eine Distanzvergrößerung, gefolgt von Stillhalten, Passiver Unterwerfung und Blickabwenden. Hierbei handelt es sich um deeskalierende Antworten.
Auch ein Blick auf die Kontexte gewährt spannende Einblicke. Zum einen haben wir einige Kontexte, in denen dieses Signal gezeigt wird, zum anderen wird dieses Signal auch immer wieder verwendet, wenn der Empfänger andere Signale ignoriert hat.
Eine häufig beobachtete Reaktion der Empfänger, vor allem wenn Sender und Empfänger vertraut miteinander waren, war das frühzeitige Umfallen in die passive Unterwerfung. Oft ließ sich der Empfänger schon bei der Distanzverringerung, aber spätestens beim Antippen, in die passive Unterwerfung umfallen. Auch aufgrund dieses typischen Beispiels für eine Reduzierung ist der Nackenstoß im vertrauten Kontext unter Hunden nicht allzu oft zu beobachten.
Natürlich können wir, besonders bei einem Umfallen, schon aufgrund einer Distanzverringerung nicht sicher sagen, ob tatsächlich der Nackenstoß die letzte Handlung dieser Interaktion gewesen wäre. Allerdings konnten wir beobachten, dass nach einem Nackenstoß eine Reaktion wie das Umfallen immer früher im Ablauf des Handlungsnetzes vom selben Empfänger gezeigt wurde, bis allein die Distanzverringerung ausreichte, um den Empfänger zum Umfallen zu bewegen. Daher lässt sich dieser Zusammenhang vermuten, der nicht zuletzt auch durch unsere Daten untermauert wird.
Es kann in einigen Fällen auch dazu kommen, dass der Sender nachdem der Empfänger bereits vor dem Nackenstoß in die passive Unterwerfung umgefallen ist, ein Drüberstehen zeigt und er den Empfänger in dieser Position sozusagen festhält (siehe „Drüberstehen"). Dies ist keine Steigerung vom Nackenstoß, denn dieser erfolgte ja nicht.

BEDEUTUNG

Fassen wir die Ergebnisse der Kontexte und Antworten zusammen, so kann man diese oben erwähnte, fast schon spürbare Intensität bestätigen. Die defensiven Antworten und die Verwendung als Steigerung anderer Signale legt nahe, dass man die Bedeutung vom Nackenstoß am ehesten mit „Lass das!" bzw. „Es reicht!" umschreiben kann. Auch die hauptsächliche Verwendung im Fremdkontext, in dem es durch fehlende Vertrautheit und Etablierung anderer Signale viel relevanter sein kann, dem anderen deutlich klarzumachen, dass man es ernst meint, passt zu dieser Aussage. In unseren Beobachtungen konnten wir mehrfach die Steigerung anderer Abbruchsignale durch den Nackenstoß sehen. Nach dem Nackenstoß allerdings kam es zu keiner weiteren Steigerung von Abbruchsignalen mehr. Daher kann man den Schluss ziehen, dass der Nackenstoß nicht nur eine sehr deutliche Aussage hat, sondern auch manchmal das letzte Mittel zur Vermeidung einer Eskalation sein kann. Frei nach dem Motto: „Es reicht, ich meine das SEHR ernst!"
Wir vermuten, dass der Nackenstoß und vor allem das Stalken auch eingesetzt werden, um einen anderen Hund zu vertreiben. Mehrfach konnten wir im Fremdkontext beobachten, dass der Sender vom Empfänger abließ, sobald dieser sich offensichtlich weit genug entfernte und nicht wieder zurückkam. Die Botschaft wirkte eindeutig „Verpiss dich!"

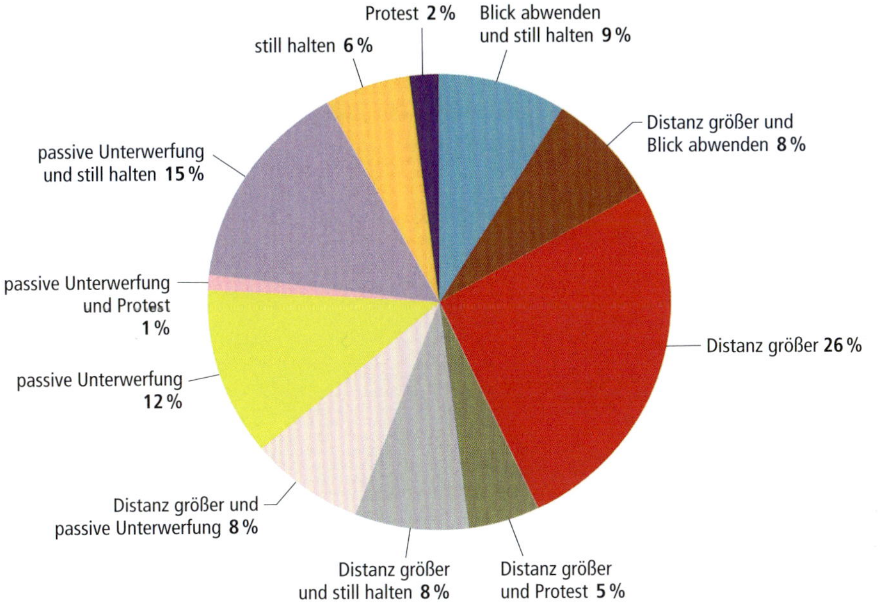

Antworten auf das Signal Nackenstoß

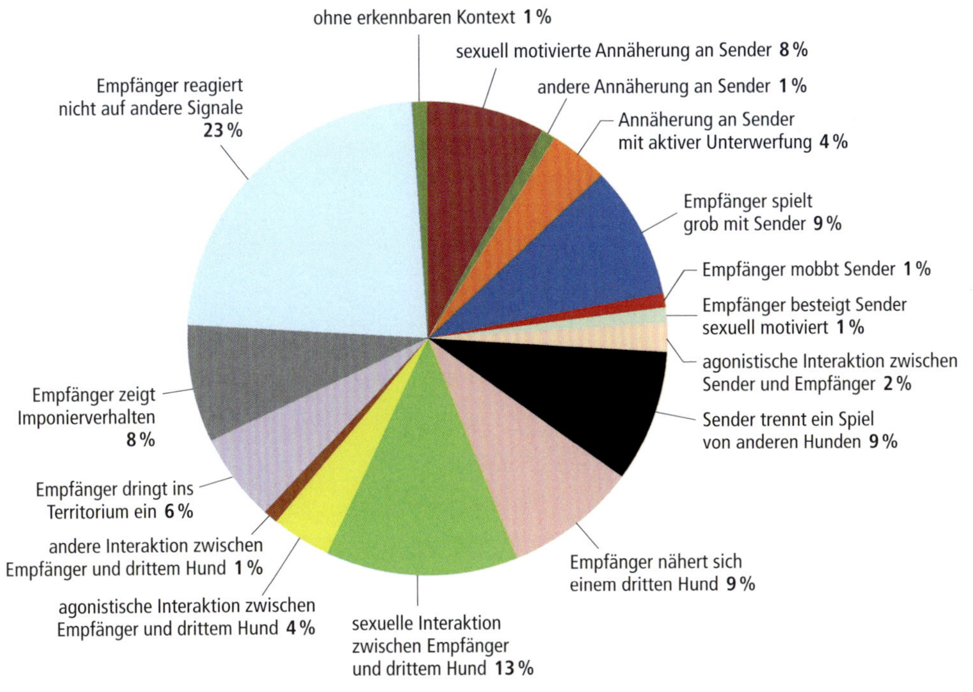

Kontexte, in denen der Nackenstoß gezeigt wird

DAS DRÜBERSTEHEN

— *als Abbruchsignal*

DAS DRÜBERSTEHEN IM ÜBERBLICK

Dieses Abbruchsignal hat wohl fast jeder Hundehalter bereits einmal gesehen. Wenn dann noch der eigene Hund derjenige war, der liegen musste, so ist wohl den meisten Haltern erst einmal das Herz in die Hose gerutscht.

Das Drüberstehen leitet für gewöhnlich das Ende einer Auseinandersetzung ein, bei der ein eindeutig Stärkerer diese Position einnimmt. Ist es einem der beiden Streithähne gelungen, den Gegner zu Boden zu bringen, so kommt es ab und zu dazu, dass er für kurz oder auch etwas länger, abhängig von der Einsicht des Verlierers, dieses Abbruchsignal zeigt. Die Situationen, aus denen es zu diesem Drüberstehen kommen kann, sind jedoch weit breiter gefächert, als man anfänglich vermuten möchte. Gemeinhin kennt man es nach Auseinandersetzungen. Im vertrauten Kontext von Hunden, die sich lange kennen, und von „Gruppen mit rudelähnlichen Strukturen“ (Terminus nach: Bloch, Thiemann, Bursch) finden sich auch weitaus mehr Situationen: Ein Hund, der zur Gruppe dazukommt und zur Begrüßung eine passive Unterwerfung zeigt, ein raues Spiel, bei dem der Stehende plötzlich einfriert, eine angedeutet passive Unterwerfung als Antwort auf die schlechte Laune eines anderen. Das sind Beispiele für

Drüberstehen mit passiver Unterwerfung als Antwort.

Strenger Blick als Reaktion auf den Versuch sich zu entziehen

Situationen, in denen wir dieses Drüberstehen gefunden haben.
Das Drüberstehen ist bereits eine sehr häufige Handlung in der Mutter-Kind-Beziehung und erhält wahrscheinlich dort seinen Kontextbezug. Die Hündin und später auch andere erwachsene Hunde zeigen es immer wieder gegenüber den Welpen. Der erste Kontext ist die sogenannte Brutpflege, bei der die Mutter so lange den Welpen vor sich zurecht legt, bis dieser stillhält und die Prozedur des Putzens und der Bauchmassage über sich ergehen lässt.

BESCHREIBUNG

Meist positioniert sich der Sender über dem Liegenden in aufrechter Haltung und präsentiert sich in einer sehr angespannten Körperhaltung. Je nachdem, aus welcher Situation die Position der beiden zueinander entstanden ist, ist die Stellung des Drüberstehenden nicht immer gleich. In den meisten Fällen jedoch sind die Köpfe übereinander. Oft jedoch befindet sich der Unterlegene zwischen den Vorderbeinen des Stehenden.
Die stehende Haltung gleicht einer Imponierhaltung, wobei der Hals dem unten Liegenden etwas seitlich dargeboten wird. Der Kopf ist leicht abgewandt, der Blick ist schielfixierend.
Deutliche Drohsignale, wie Knurren, Zähneblecken, Nasenrückenrunzeln, können je nach Intensität ebenfalls vorhanden sein. Für die Form der Augenlider und der Augenbrauenpartie sind zwei Varianten zu beobachten. Bei der einen sind beim Sender des Signals ähnlich wie beim strengen Blick die Augenlider gespannt und bilden die Form eines spitzwinkligen Dreiecks. Hierbei sind die „Augenbrauen“, also der Bereich, in dem die längeren Tasthaare zu

Drüberstehen mit Schielfixieren

finden sind, mittig zusammengezogen. Nervt der unten liegende Hund den Sender durch wiederkehrenden Protest, Zappeln oder Versuche, sich zu entziehen, so können die Augen bei dieser Variante sehr groß und rund erscheinen und man sieht das sprichwörtliche „Weiß in den Augen". Hierbei werden die Augenbrauen gerade nach oben gezogen. Bei Rottweilern z. B. ist dieser zweite Blick gut erkennbar und verrät sehr klar, dass dem Guten gleich die Hutschnur platzt. Die selektive Veränderung der Augenregion bei brachyzephalen Rassen kann zur Fehlinterpretation dieses „genervten" Blickes führen.

Verläuft diese Situation von beiden Seiten so wie es vom anderen erwartet wird, wendet der Sender als erstes den fixierenden Blick ab, dann verschwinden die Drohsignale und die körperliche Anspannung lässt nach. Bleibt der Empfänger liegen, verlässt der Sender diese Position meist übertrieben

SCHIELFIXIEREN

Das Schielfixieren (Dogwatcher) kann beim Drüberstehen vom oben stehenden Hund gegenüber dem unten liegenden gezeigt werden.

Im Gegensatz zum Drohfixieren ist beim Schielfixieren der Kopf nicht auf das Gegenüber ausgerichtet, sondern leicht abgewendet. Ähnlich wie bei Zimen (1990) beschrieben, wird dem Unterlegenen der Hals dargeboten.

Der Blick ist dennoch auf den unten liegenden Hund gerichtet und sieht bedingt durch das Abwenden des Kopfes leicht schielend aus. Es ist zu vermuten, dass dem unten liegenden Hund durch das Darbieten des Halses sowie das fehlende Drohfixieren eine Art Ausweg geboten wird. Der Sender signalisiert seine Bereitschaft, den Empfänger unbeschadet aus der Situation zu entlassen. Antwortet jedoch dieser nicht wie erwartet mit einer passiven Unterwerfung und versucht sich z. B. frei zu strampeln, so kann es im Anschluss zu einem erneuten Abbruchsignal oder einer Eskalation kommen.

langsam, was ebenfalls eine Form der Eskalationsvermeidung darstellt. Viele ursprüngliche Rassen zeigen diese Entschleunigung sehr häufig auch in anderen Bereichen der Kommunikation.
Das Verlassen der Position entspricht dann der Erlaubnis an den Empfänger, aufzustehen und sich zu entziehen. Manchmal bleibt der Sender jedoch stehen und beendet einfach nur die einzelnen Elemente mit Abbruchcharakter. Hier wird dann meist ein Entziehen geduldet. Da das Drüberstehen jedoch ein nicht so häufig auftretendes Signal ist, lassen sich aus unseren Daten keine eindeutigen Hinweise ableiten, ob die Duldung und die Erlaubnis jeweils unterschiedliche Aussagen über die Beziehung der Kontrahenten zueinander und die Art der vorangegangenen Auseinandersetzung treffen. Eine umfassende Datensammlung wäre hier sicher sehr spannend.
Beendet der Liegende jedoch nicht seine Aktivitäten, so kann es zur Steigerung kommen. Hierbei wird der Sender entweder versuchen, den anderen Hund mit der Brust nach unten zu drücken, oder er stößt mit der Schnauze gegen ihn vor und beißt gegebenenfalls zu.

Welpen im Alter von 8 Wochen

01 Auch in einem Spiel…

VARIATIONEN

Abweichende Formen, in denen Protest, Entziehen etc. nicht unterbunden werden, finden wir selbstverständlich im Spiel.
Bei Vertrautheit der beiden Interaktionspartner und vor allem bei deutlichem Altersunterschied reicht dem Sender oft auch eine weniger deutliche Ausführung der passiven Unterwerfung.
Das Video von Loui und Watson (siehe Seite 158) zeigt das sehr anschaulich. Andere submissive Antworten reichen aus, um den Sender milde zu stimmen.
Ebenfalls zu erwähnen ist die Vorwegnahme der Antwort. Bemerkt der Empfänger eines Abbruchsignals den sich nähernden Sender frühzeitig und geht in die passive Unterwerfung, so bringt das diese zwei interagierenden Hunde schnell in die Situation, dass es zu einem Drüberstehen kommt. Meist ist der Sender aber dann schon so gehemmt durch diese schnelle Antwort, dass das ganze viel mehr wie eine gesichtswahrende Handlung des Senders anmutet. Schließlich wollte er den anderen ja nur zur Ordnung rufen. 042

02 *... kann durch ein situatives Drüberstehen ...*

03 *... Überlegenheit demonstriert werden.*

01 Häufige Antwort auf Drüberstehen: passive Unterwerfung mit Stillhalten

02 Mit der olfaktorischen Kontrolle entspannt sich die Situation wieder.

ANTWORTEN

In der perfekten Reinform der erwarteten Antwort wird eine passive Unterwerfung auf das Drüberstehen gezeigt.
Leichte Ausweichversuche, ein orientierender Blick zum Sender gerichtet und durchaus nicht selten defensive Drohsignale wechseln mit dieser passiven Unterwerfung. Diese Mischmotivation ist natürlich mit Selbstschutz und Unsicherheit gegenüber dem Sender zu erklären. Andere submissive Signale, wie Distanzvergrößerung oder Fluchtversuch, aber auch Protest, werden hierbei jedoch in den meisten Fällen vom Sender unterbunden. Still liegenbleiben und aushalten ist nach ernst gemeinten Auseinandersetzungen die einzig richtige Antwort. Die von uns dokumentierten Antworten sprechen hier eine ganz klare Sprache (98 % aller Antworten).

BEDEUTUNG

Die Besonderheit beim Drüberstehen ist, dass nicht ein bestimmtes Verhalten abgebrochen wird, sondern vielmehr weiteres Verhalten gehemmt wird. Daher macht es an dieser Stelle keinen Sinn, auf die Kontexte einzugehen. „Gib auf!“ ist hier wohl die passende Übersetzung. Sucht man die Parallele bei uns Menschen, so fallen bestimmt vielen die kleinen Raufereien auf dem Schulhof ein. Einer war stärker und so lag der andere früher oder später auf dem Boden. Der Sieger hockte dann auf der Brust und hob drohend die Faust, wobei er immer wieder rief: „Gib auf! Los, sags, dass du aufgibst!“ Signalisierte der Unterlegene dann, dass er klein beigibt, so war der Kampf beendet. Bis dahin standen die routinierten Lehrer meist entspannt in der Ecke mit wachsamem Auge. Hielt sich einer der beiden nicht an dieses „Gesetz“, waren sie blitzschnell zur Stelle und sorgten für Ruhe.

Die Auswirkungen, die das Nichterlernen dieses Abbruchs bei jungen Hunden hat, können sich sehr schnell in Form von Verletzungen zeigen, die beim Tierarzt enden. Gehemmtes Konfliktverhalten, Gewinnen und Verlieren, ohne Schaden zu nehmen bzw. zuzufügen, muss gelernt werden. Es ist selbstverständlich nicht angeboren!

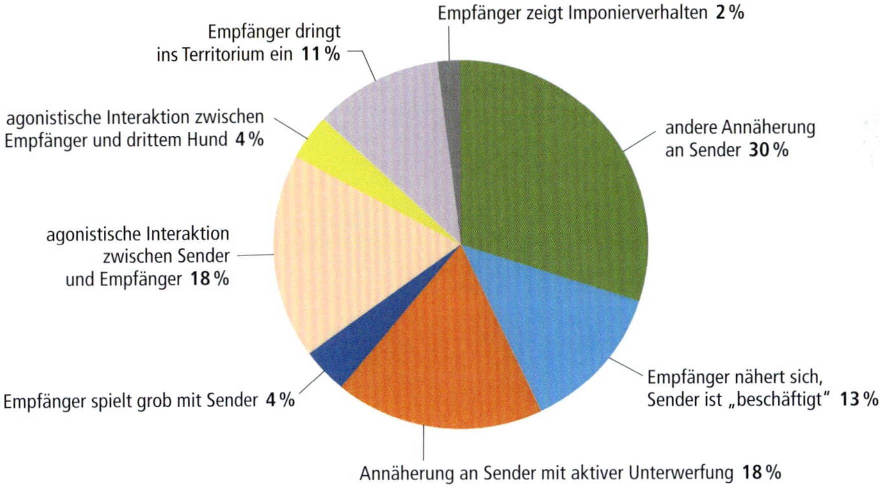

Kontexte, in denen das Drüberstehen gezeigt wird

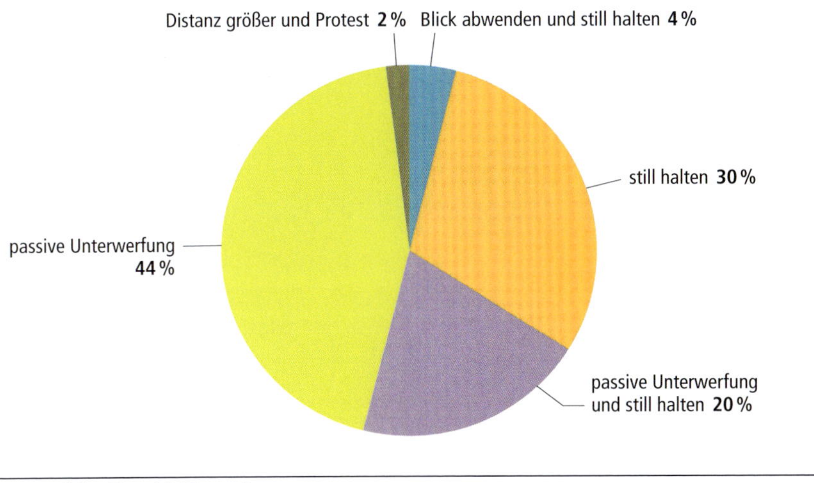

Antworten auf das Signal Drüberstehen

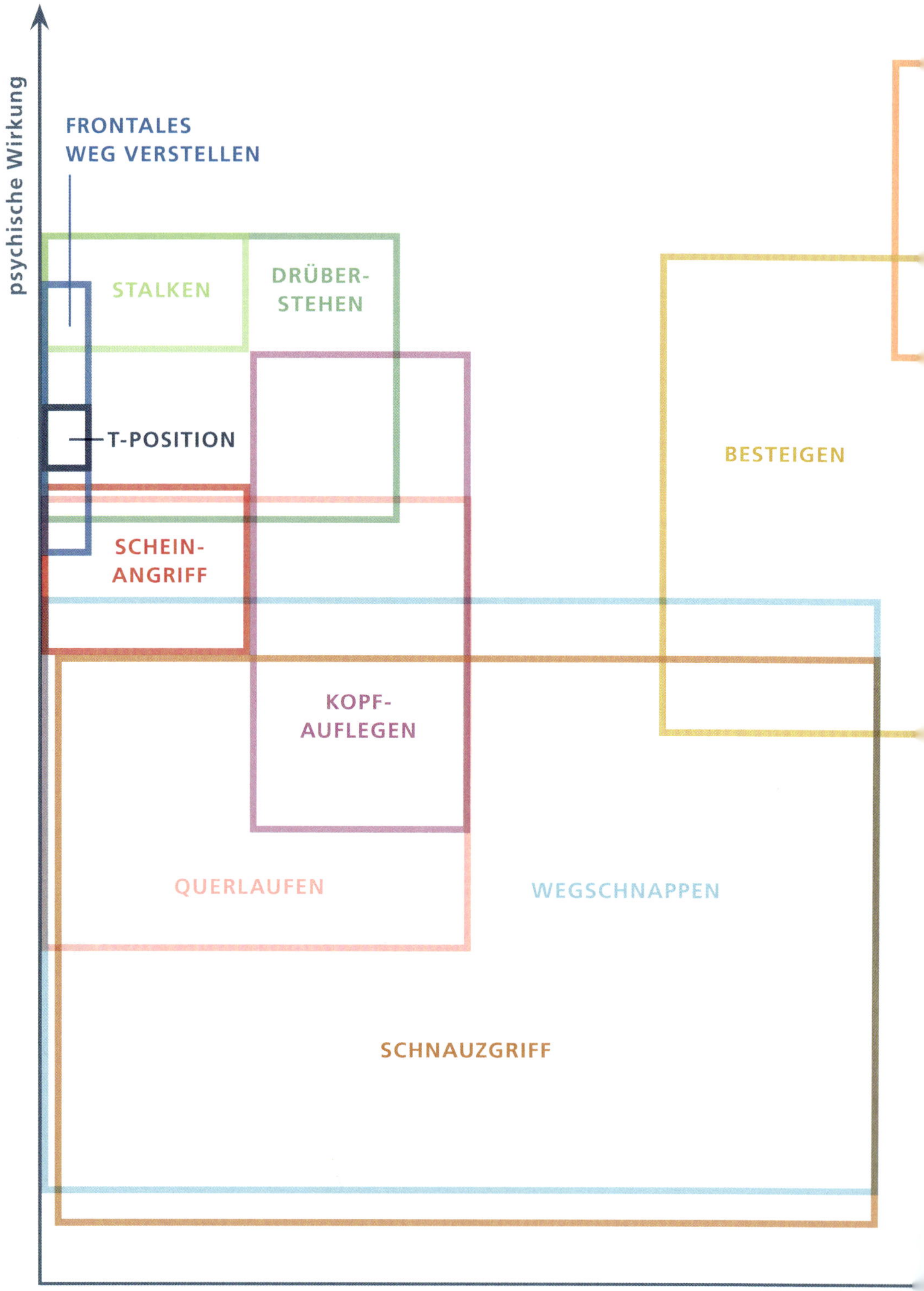
psychische Wirkung
FRONTALES WEG VERSTELLEN
STALKEN
DRÜBER-STEHEN
T-POSITION
BESTEIGEN
SCHEIN-ANGRIFF
KOPF-AUFLEGEN
QUERLAUFEN
WEGSCHNAPPEN
SCHNAUZGRIFF

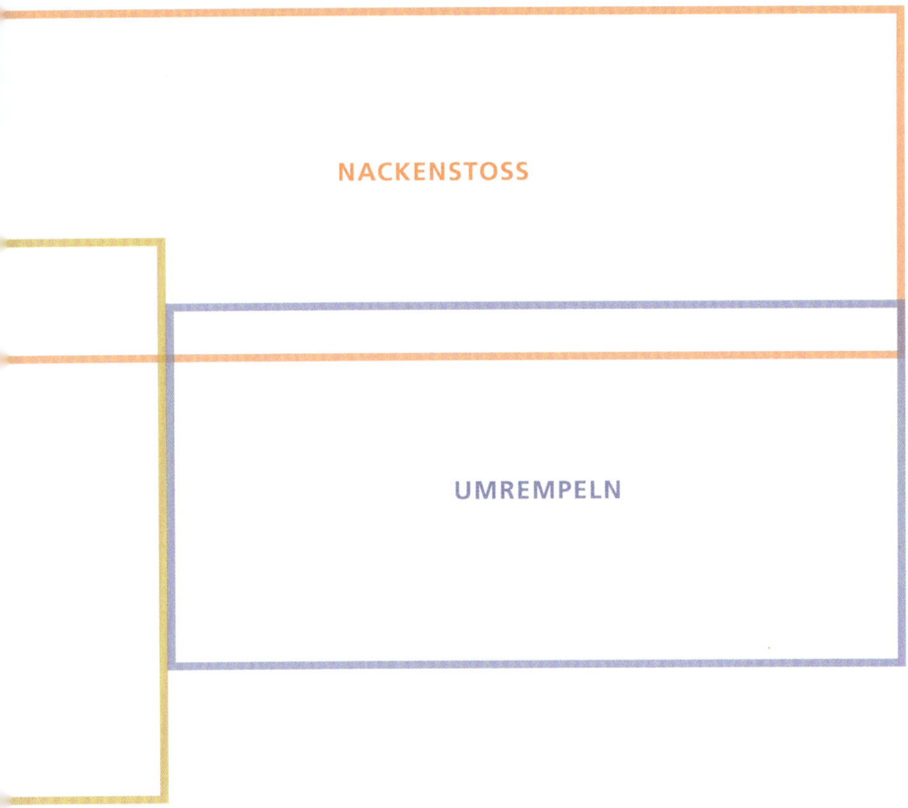

DAS UNIVERSUM DER ABBRUCHSIGNALE

Bei diesesr Abbildung handelt es sich um eine Darstellung der von uns untersuchten Abbruchsignale nach körperlicher und psychischer Wirkung (aufgrund der Häufigkeit und Wirkung haben wir auch das Stalken und Querlaufen eingezeichnet). Selbstverständlich gibt es auch hier individuelle Unterschiede, so dass diese Abbildung nur eine grobe Richtlinie darstellt.

Auffällig ist, dass es viele Signale gibt, die bei wenig körperlichem Einsatz eine große psychologische Wirkung erzielen, und es keine Signale gibt, die bei einem großen körperlichen Einsatz wenig psyschologische Wirkung erzielen. In der Natur wird eben keine Energie verschwendet.
Diese Grafik zeigt auch deutlich, warum der Nackenstoß von uns als Spitze der Abbruchsignale bezeichnet wird.

physische Wirkung

DER EINSATZ VON ABBRUCHSIGNALEN

— *Erkennen im Alltag*

KOMPLEXE KOMMUNIKATION

In den vorangegangenen Kapiteln haben wir zehn Abbruchsignale beschrieben. Doch diese im Alltag auch im Verlauf von wenigen Sekunden zu erkennen und zu identifizieren ist noch einmal eine ganz andere Geschichte.
Im Bereich des Ausdrucksverhaltens der Hunde werden einzelne Signale nicht immer in ihrer Reinform gezeigt. Man kann sogar sagen, dass diese Reinformen eher sehr selten zu finden sind. Das liegt daran, dass es sehr häufig zu Stimmungsüberlagerungen und Mischmotivationen beim Sender kommen kann. So zeigt z. B. ein Hund, der defensiv droht, auch durchaus einmal Tendenzen, es in ein offensives Drohen wechseln zu lassen, wenn er vermeintlich beim Gegenüber ein Zögern oder eine Unsicherheit zu erkennen glaubt. Dasselbe gilt auch für die Abbruchsignale und die Antworten. Ein unerwarteter Protest oder das Auftauchen eines dritten Interaktionspartners kann sehr schnell dazu führen, dass die Handlung variiert, auf ein anderes Signal umgeschwenkt wird oder stoppt. Das machte auch uns am Anfang unserer Beobachtungen sehr zu schaffen. Tagelange Diskussionen über das, was wir da beobachtet hatten, und stundenlange Videoanalysen waren an der Tagesordnung. Also lassen Sie sich nicht entmutigen, wenn Ihnen am Anfang nicht gleich jede Aussage in der Praxis eindeutig erscheint. Sie ist es vielleicht auch gar nicht.

An jeder Position, die in unseren Handlungsnetzen aufgeführt sind, können Veränderungen oder ein Abbruch stattfinden. Viele verschiedene Faktoren können dies bewirken.
Mit den folgenden Videos und den ausführlichen Beschreibungen möchten wir zeigen, wie komplex die Kommunikation in vielen Fällen im Alltag ist. Ein genauerer Blick auf die einzelnen gezeigten Signale macht vieles verständlicher. Was am Anfang vielleicht nur ein Bauchgefühl auslöst, lässt sich oft durch die kleinen Details erklären.

Offensives Wegschnappen aus dem Liegen heraus

Momentaufnahme eines vertrauten Spiels

VIDEO-BEISPIEL 1: LOUI – BALU – ANTAR 043

DER KONTEXT UND DIE AKTEURE

Dieses Video wurde am 6. Tag aufgenommen, nachdem Balu, ein 8 Monate alter unkastrierter Ridgebackrüde, neu in die Gruppe gekommen war. Balu und Antar, der andere damals ca. 6 Jahre alte kastrierte Ridgebackrüde und sozusagen Chef der Gruppe, waren vom ersten Tage an beste Freunde. Loui hingegen, ein 3 Jahre alter unkastrierter Husky-Mix-Rüde, war schon nach den ersten 15 Minuten der ständige Aufpasser des pubertierenden Neulings. Er fand die dreiste Art von Balu und auch dessen beginnende gute Beziehung zum Chef gar nicht witzig.

Bezogen auf die Statusbeziehungen sehen wir den statushöchsten Antar, hier im Video mit einem Beißkorb, den zweiten und zugleich statushöchsten unkastrierten Rüden Loui und „Karl Arsch im Rudel", den pubertierenden Neuling Balu.
Da Balu keine Tendenzen zeigte, auch einmal submissiv klein beizugeben, könnte es zu einer Eskalation zwischen Loui und Balu kommen. Die Dynamik und eine damit verbundene mögliche massive Einmischung des Status höchsten Rüden war in diesem Fall schwierig einzuschätzen – daher der Maulkorb.
Dieses Videobeispiel ist aus unserer Sicht hochinteressant, da es in seiner Komplexität so viele verschiedene Einblicke in die

Verwendung der Signale im Alltag gibt. Es werden viele Signale in einer abweichenden Ausführung von den beschriebenen typischen Varianten gezeigt, der körpersprachliche Ausdruck gibt zum Teil keinen wirklichen Aufschluss über Gestimmtheit und Beziehungen untereinander. Doch ist es letztlich klar, eindeutig und verständlich, wenn man die einzelnen Elemente wahrnimmt und die Antworten dazu in Verbindung bringt. Auch Hunde sprechen eben manchmal „Slang".

ERLÄUTERUNG

Die Sequenz beginnt in einem Augenblick, in dem Antar sich zwischen den imponierenden Loui und Balu stellt. Mit einer sehr entspannt wirkenden Körperhaltung trennt er die beiden. Das Vorbeigehen von Loui vor Antar ist in dem Fall kein Querlaufen, seine imponierende Haltung gilt Balu. Beachten Sie den Blick von Loui über den Rücken von Antar, dem Chef, hinweg und dann seine leicht submissive Kopfbewegung in Richtung der Schnauze von Antar, als er kurzzeitig die Situation verlässt.

Lassen Sie sich nicht von der eher submissiv wirkenden Haltung des älteren Antar täuschen. Es war kalt und feucht, und es ist ein Ridgeback, der weder Kälte noch Nässe besonders leiden kann. Am Ende des Videos wird deutlich, wer „die Hosen anhat".
Oder um bei dem so oft von Günther Bloch gehörten Satz zu bleiben: „Der hat es gar nicht nötig!". Vielfach erkennt man die statushöchsten Hunde in gut eingespielten Gruppen gar nicht sofort an den viel beschriebenen Statusdemonstrationen, sondern eher an völlig unauffälligem und beiläufig wirkendem Verhalten.
Aber zurück zu dem, was weiter geschieht: Wie für einen pubertierenden Rüden gar nicht untypisch beginnt Balu, mit mischmotiviertem Besteigen. Die sexuelle Komponente ist gut zu erkennen, aber eben noch recht halbherzig, da ein körperbetontes Spiel auch jederzeit in seinem Interesse lag. Das ruft Loui auf den Plan, der eine olfaktorische Stimmungsüberprüfung durchführt. Dem folgenden Blick und der imponierenden Haltung von Loui schenkt Balu keine Beachtung. Daraufhin führt Loui einen Nackenstoß aus und nimmt eine T-Position ein, um Balu von Antar abzuschirmen.

Der Blick ist deutlich auf den Interaktionspartner gerichtet.

Die olfaktorische Kontrolle, die Antar in der Schnauzenregion bei Loui durchführt, wird mit sehr minimalistischen Ausdruckssignalen submissiv beantwortet und zwar durch eine Licking Intention und ein kurzes Zurückziehen der Ohren. Sein Gesamtausdruck bleibt trotzdem imponierend. Schließlich ist er mit Balu noch nicht fertig.
Die Licking Intention, die bei Antar unter dem Beißkorb etwas schwer zu erkennen ist, hat keinen kommunikativen Aspekt. Sie wird abgewandt gezeigt und könnte in diesem Fall einen Grooming-Aspekt oder auch eine olfaktorische Funktion haben. Im selben Augenblick dreht Loui sich ein und zeigt ein Kopfauflegen, das durch die Bewegung von Balu nicht ganz perfekt auf dessen Schulter platziert ist, und als dieser versucht, sich zu entziehen, anstatt stehen zu bleiben, folgt ein angedeuteter Nackenstoß.
Jedoch drängt Loui hierbei den dazu kommenden Antar zur Seite und unterbricht die olfaktorische Kontrolle im Schnauzenbereich von Balu. Dafür versetzt ihm Antar dann doch einen deutlichen Nackenstoß. Die kurze Distanz und die Körperhaltung lassen diesen Nackenstoß nicht wie klassisch beschrieben aussehen. Es fehlt eine erhobene Kopfhaltung, das Ausrichten von Augen, Ohren und Nase auf die Nackenpartie und doch wird er richtig verstanden und beantwortet. Was nun in den folgenden Sekunden kommt, ist sehr komplex und wirkt beinahe zufällig. Anderen Hunden wird zusätzliche Beachtung geschenkt und doch lassen die drei Beteiligten sich nicht wirklich aus den Augen. Die Augen oder vielmehr die Blickrichtungen sind nun maßgeblich für das Verständnis. Wenn Sie wissen wollen, was Ihr Hund im Kopf hat, geben Ihnen Augen, Ohren und Nase meistens Auskunft darüber. Manchmal haben Hunde auch zwei Reize gleichzeitig auf dem Schirm. In einem solchen Fall sind die Ohren oft die verlässlichste Informationsquelle. Balu verlässt die Situation. Loui, der mit seiner submissiven Körperhaltung und einer Licking Intention Antar Beachtung schenkt, bemerkt jedoch das erneute Vorbeigehen von Balu, kann aber noch nicht aus der Interaktion mit Antar raus. Antar wiederum geht seitlich an Loui vorbei, sucht kurz die Interaktion mit diesem und schiebt sich vor ihn. Der kurze Blickkontakt zur vorbeikommenden, unbeteiligten Labradorhündin verleitet Loui dazu, sich zu schütteln. Das Abschütteln zeigt sehr häufig das Ende einer konfliktträchtigen Situation an.

DAS ABSCHÜTTELN

Nach der Beendigung einer Stresssituation oder eines Konfliktes schüttelt sich mindestens einer der beteiligten Interaktionspartner, meist der Empfänger eines Abbruchsignals. Dieses Schütteln betrifft vornehmlich den Kopf- und den vorderen Rumpfbereich und unterscheidet sich so vom Komfortverhalten (Dogwatcher). Günther Bloch erwähnte dieses Verhalten bereits 2007 in seinen „Pizzahunden".
Da sich unsere Beobachtungen auf Konfliktverhalten konzentrierten, fanden wir dieses Verhalten in einem Großteil unserer beobachteten Situationen. Interessanterweise zeigte sich dabei eine Besonderheit: Schüttelte sich der Empfänger zu früh, also wenn für den Sender diese Situation noch nicht beendet war, dann reagierte dieser unverzüglich und setzte in vielen Fällen erneut ein Abbruchsignal. Somit ist zu vermuten, dass dieses Abschütteln auch einen Signalcharakter hat. 044

01 Ein intensives Spiel wurde durch den Akita beendet …

02 … und im Anschluss zeigte er das häufig zu beobachtende Abschütteln.

Das Abschütteln kam in diesem Fallbeispiel zu früh (siehe Kasten, Seite 154). Die direkte Reaktion von Antar zeigt das in diesem Beispiel sehr deutlich. Er läuft vor Loui quer und berührt kurz mit seiner Schnauze die Schnauze von ihm, bevor er scheinbar die Situation verlässt. Aber weit gefehlt. Zu beachten sind Augen und Ausrichtung des unten rechts wieder im Bild auftauchenden Antars.
Loui indes bemerkt Balu wieder und verändert seine Körperhaltung. Das Anheben der Rute ist hier sehr deutlich zu erkennen. Er dreht ein und geht in Richtung des Jungspundes. Dabei weiß er um Antars Kontrolle. Er bemerkt, dass dieser ihm folgt. Sein linkes Ohr und die Augen sind deutlich zu erkennen und zeigen, wann er Antar wahrnimmt. Er lässt ab und dreht in Richtung Antar ein. Dieser bemerkt das seinerseits und läuft nun hinter Loui entlang, in die Richtung von Balu. Dieses Vorbeigehen hinter Loui mit einer Berührung ist hier nicht zufällig, sondern hat eine Bedeutung. Es wäre genügend Platz, um das zu vermeiden. Dieses Berühren führt dazu,

Trotz kurzer Mundwinkel nur ein Spiel. Desinteresse anderer Hunde kann einen wichtigen Hinweis darauf geben, ob ein Konflikt vorliegt oder nicht.

dass Loui die Rute kurzzeitig senkt und Antar folgen will. Beiläufige Berührungen dieser Art haben oft einen auffordernden Charakter.
Abgeschirmt durch Antar sieht der Jungspund seinerseits die Chance auf eine olfaktorische Überprüfung der Gestimmtheit von Loui und folgt diesem. Der lang gestreckte Hals und der unter die Schulterhöhe gesenkte Kopf verraten seine Absicht. Jedoch bemerkt Balu den Blick von Loui und somit wird es nur ein kurzes, flüchtiges Orientieren aus der Bewegung und er geht hinter ihm vorbei.
Antar, der nun einmal eng um Loui herum gegangen ist, kommt Balu entgegen und sein Blick und die Kontaktaufnahme zu Balu bewirken als sofortige Reaktion, dass dieser die Situation verlässt. Er zieht schlagartig die Ohren nach hinten, wendet den Blick ab und nimmt „scheinbar" beabsichtig Kontakt zu dem alten kastrierten Labradorrüden Eddy auf. So etwas könnte man als „gesichtswahrende Handlung" beschreiben.
Loui indes hat seinerseits das enge Querlaufen von Antar mit einem Stehenbleiben und dem Absenken der Rute quittiert, was eine kleine, aber eindeutig submissive Antwort darstellt. Die Anogenitalkontrolle von Antar lässt er kommentarlos zu und wartet ab, bis dieser sich kurz Balu zuwendet, bevor er selbst die Situation verlässt. Das wiederrum quittiert Antar noch ein letztes Mal mit einem sehr engen Querlaufen, bevor er sich seitlich mit Ausrichtung zu Louis Rute neben ihm positioniert. Eine letzte olfaktorische Kontrolle bei Loui und seine Ausrichtung zwischen Loui und Balu, der sich rechts unten im Bild befindet, beendet die Situation.
Bei Loui sei jetzt noch abschließend auf die gesträubten Haare im Rutenansatz und auf die gesenkte Rute hingewiesen. Was wir in diesem Video gesehen haben, waren eine Unmenge von Abbrüchen und kommunikativer Interaktion zwischen drei Individuen. Die meisten Formen der Abbruchsignale waren nicht „nach Lehrbuch" ausgeführt. Das ständige Querlaufen war häufig hinter dem Empfänger gewählt, hat aber letztlich verdeutlicht, dass der dritte Beteiligte abgeschirmt wird. Dieser Jungspund wurde lediglich durch einen Blick aus der Situation geschickt. Der Nackenstoß von Antar wurde in einer Variation ausgeführt, das Querlaufen in Imponierhaltung von Loui galt gar nicht Antar, obwohl es vor ihm gezeigt wurde etc. Hunde haben nur einen begrenzten „Wortschatz" in der nonverbalen Kommunikation. Da ist es vorteilhaft, in solch komplexen Situationen diesen Wortschatz durch Variationen zu erweitern, um Absichten verständlich zu machen – und Hunde sind wahre Meister darin. Die Kenntnis über die einzelnen Signale und die darauf erwarteten Antworten in Kombination mit den Kontexten lassen jedoch eine sehr genaue Analyse zu.
Wenn man sich dieses Video anschaut, entsteht natürlich die sehr berechtigte Frage, warum der schwarz-weiße Husky-Mix sein Abbruchsignal dermaßen intensiv setzt. Man könnte meinen, dass er nicht in der Lage ist, fein abgestuft zu kommunizieren. Das dem nicht so ist, soll das folgende Video untermauern.
Hier ist es eine ähnliche Konstellation mit einem jungen Labradorrüden ähnlichen Alters. Watson, der Labrador, jedoch zeigte vom ersten Tag an eine sehr hohe Kompetenz in seinen Antworten auf Zurechtweisungen. Auch Antar ist im Hintergrund zu sehen und hat sich in diesem Fall überhaupt nicht für die Situation interessiert. Dieses Desinteresse eines statushohen Hundes ist, nebenbei bemerkt, ein sehr guter Indikator dafür, dass man sich keine Sorgen machen muss.

01 *Die Positionierung zum Nackenstoß als Reaktion auf die Annäherung des Fremden an die Hündin*

02 *Das Recht auf Protest hat jeder, denkt sich der „Macho“ und reagiert mit einem Drohen.*

VIDEO-BEISPIEL 2: WATSON SEXUELL MOTIVIERT LOUI BRICHT AB 045

KONTEXT UND AKTEURE

In diesem Video gilt das Interesse des pubertierenden Labradors Watson einer älteren, kastrierten und für Rüden sehr attraktiv duftenden Labradordame namens Drea. Watson kam bereits 2 bis 3 Monate vor dieser Szene in die Gruppe und war dementsprechend bereits vertrauter mit den Hunden und hatte eine gute Beziehung zu Loui aufgebaut. Aber auch bei anderen Hunden reichte von Anfang an ein Blick, eine Andeutung und Watson reagierte sofort „richtig“ und ohne irgendeinen Protest. Das tat er, ohne jedoch dabei ein unsicherer Hund zu sein, sondern er war bei allem völlig selbstverständlich.

ERLÄUTERUNG

Diese Szene beginnt ähnlich wie die bereits beschriebene. Ein junger, unkastrierter Rüde beginnt, sich sexuell auszuprobieren. Deutlich zu erkennen ist das sexuell motivierte Kopfauflegen von Watson bei Drea. Die Hündin versucht, sich dieser Situation zu entziehen, läuft aber auf den Zaun und Loui zu und ist somit gefangen. Das nutzt der junge Verehrer aus und besteigt die Hündin. Loui geht ähnlich seitlich an die Situation heran und beginnt eine olfaktorische Genitalkontrolle. Dann schiebt er sich seitlich an den ausweichenden Watson heran, baut sich imponierend auf und hebt seinen Kopf in Richtung Nacken-Kopf-Bereich des unsicher wer-

denden jungen Rüden. Der fixierende Blick von Loui auf Watson, der im Anschluss folgt, ist völlig ausreichend, um den kleinen Charmeur dazu zu bewegen, den Aufreitversuch zu beenden. Watson zeigt ein deutliches Blickabwenden und macht sich klein. Hier erfolgt von Loui keine klare T-Position wie im letzten Video, sondern ein sehr enges Querlaufen, bei dem der Kopf von Watson noch einmal deutlich aus der Richtung der entschwindenden Drea geschoben wird. Eine abschließende Anogenitalkontrolle und das seitliche Positionieren neben dem submissiven Watson beenden die Situation. Der von Watson abgewendete Blick wird als Signal verstanden, so dass dieser sich entfernen darf.
Diese beiden Videos zeigen auf sehr schöne Art, dass die Wahl der Intensität sehr genau auf den Interaktionspartner abgestimmt werden kann. Es liegt also in solchen Konstellationen nicht nur am Charakter des Senders, sondern auch ganz entscheidend an dem des Empfängers. Hunde sind sehr wohl in der Lage dosiert zu interagieren. Man kann hier also von instrumentell angepasstem Verhalten sprechen.

03 Die deutliche Reaktion zeigt ihm, dass Protest hier nicht angebracht ist.

VIDEO-BEISPIEL 3: ZORRO – MAX – YUNO – EULE 046

KONTEXT UND AKTEURE

Die eigentlichen Akteure dieses Videos heißen in den Hauptrollen Yuno und Max (die Rüden von Lars Thiemann), zwei zusammenlebende unkastrierte Rüden gleichen Alters. Yuno, der Wolfhundrüde nahm die statushöchste Position ein, die er mit wachsamen Augen und sehr kompetent angepasstem Ausdrucksverhalten durchzusetzen wusste. Max kam erst im Alter von 6 Jahren dazu. Erstaunlicherweise war zwischen diesen beiden Rüden vom ersten Tag an ihre Statusbeziehung klar und wurde nie infrage gestellt.
Die beiden Nebenrollen sind von den beiden Labradoren Zorro und Luna besetzt. Zorro ist der schwarze Rüde und Luna die braune Hündin. Beide sind kastriert und leben ebenfalls gemeinsam in einem Haushalt und sind langjährige Mitglieder in Lars Thiemanns Auslaufgruppe. Beide sind sehr typische Vertreter ihrer Rasse.
Den Gastauftritt erhält Eule, eine junge, etwas unbedarfte Irische Wolfshündin.
Alle Hunde sind einander sehr vertraut und bereits längere Zeit regelmäßig zusammen.

Beim Querlaufen ist der Blick, anders als beim Stalken, nicht auf den Nacken ausgerichtet.

ERLÄUTERUNG

Die Sequenz startet mit einem Spiel der beiden Labradore, das zuweilen durchaus sehr sexuell motiviert erscheint. Die seitliche Annäherung von Max reicht bereits, um dieses Spiel zu unterbrechen. Wie in den Handlungsnetzen immer wieder zu finden ist, ist die Distanzverringerung auch z. B. Teil des Kopfauflegens und kann abbrechenden Charakter besitzen. Bei der Annäherung an Zorro, den kastrierten Rüden, zeigt dieser eine leicht submissive Antwort. Sein Kopf senkt sich leicht, die Ohren werden leicht nach hinten gezogen, er dreht den Kopf zur weiteren Blickvermeidung und bleibt still stehen. Wir gehen hier von einer vorweggenommenen Antwort aus.

Nach einer olfaktorischen Kontrolle beider Labradore zeigt Max ein Kopfauflegen bei Zorro und hebt das rechte Vorderbein, um ein Besteigen zu zeigen. Seine Ohren sind nach oben hinten gezogen, was auf eine sexuelle Motivation dem Kastraten gegenüber hinweist.

Doch er setzt sofort das Bein wieder ab und seine Blickrichtung verrät, dass er etwas wahrgenommen hat. Seine Ohren gehen nach unten und er wendet sich nach rechts ab. Noch bevor Yuno im Bild erscheint, kündigt er sich mit einem kurzen Knurren an.

Max indes senkt den Kopf und die Rute und macht sich klein. Auch hier gehen wir von einer vorweggenommen Antwort aus. Die Richtung, aus der Yuno sich ihm nähert, ließe die Vermutung zu, dass er einen Nackenstoß ansetzen will, schräg von hinten aus dem toten Winkel. Dass dem nicht so ist, verrät die Blickrichtung seiner Augen. Er ist nicht auf den Nacken von Max fixiert, sondern sucht den Augenkontakt. Dieser Blick in die Augen ist

Fixieren während des Querlaufens

typisch für ein Querlaufen. Max seinerseits versucht, den Blick zu vermeiden und aus der Situation zu entkommen. Yuno, der noch nicht fertig ist, will ihm folgen und hier erhält unser „Gast-Star“, die unbedarfte Eule, ihren Auftritt. Ungeschickt gerät sie zwischen die Fronten und kassiert dafür ein offensives Wegschnappen von Yuno, das er schön akustisch untermalt.

Es folgen drei weiter Male, in denen Yuno ein Querlaufen zeigt, und Max versucht, sich zu entziehen. Bei der Verfolgung von Max könnte wieder der Eindruck des Stalkens entstehen. Aber die Geschwindigkeit, um Max zu überholen, die Blickrichtung und zum Teil die tiefe Kopfhaltung verraten, dass es sich hier immer um ein Querlaufen handelt.

Dann endet die Sequenz, da beide Hunde zu nah vor der Kamera waren.

Wir versichern Ihnen, dass keiner der von uns gefilmten Hunde bei den Dreharbeiten Schaden genommen hat.

WIE ALLES BEGINNT

— *Beobachtungen in der Welpenentwicklung*

VON REGELN, GRENZEN UND ERZIEHUNG

„Um ein Kind zu erziehen, braucht es ein ganzes Dorf!" Dieses afrikanische Sprichwort spiegelt auch sehr plakativ die idealen Aufzuchtbedingungen von Hundewelpen wider. Die Mutter als zentrale Figur schafft mit der Unterstützung von den Mitgliedern der Gemeinschaft ein sicheres Umfeld, in dem die Kleinen lernen und sich ausprobieren können. Das soziale Gefüge und die in ihm herrschenden Regeln werden sozusagen mit der Muttermilch aufgesogen. Diese Regeln können in allen Bereichen auftauchen. Sei es das „gute Benehmen", sei es die Aufgabenverteilung oder auch zukünftig besondere Rechte, z. B. an Futter oder Sexualpartnern. Eltern erziehen ihre Kinder. Onkel, Tante und andere Familienmitglieder tragen ihr Übriges dazu bei. Die Jüngsten testen sich untereinander aus. Und all das passiert meist ohne Mord und Totschlag. Doch was sind diese Regeln und wie entstehen sie? Wer stellt sie auf und wer kontrolliert ihre Einhaltung? Und vor allem, wie geschieht das und woran erkennt derjenige, der dagegen verstößt, dass er ermahnt wird, sich daran zu halten? Also schauen wir einmal genauer hin.

Offensives Drohen im Alter von 6 Wochen

WAS SIND REGELN?

Eine Regel ist eine „aus bestimmten Gesetzmäßigkeiten abgeleitete, aus Erfahrungen und Erkenntnissen gewonnene, in Übereinkunft festgelegte, für einen jeweiligen Bereich als verbindlich geltende Richtlinie" (Quelle: Duden Online. Abrufdatum: 03.11.2019)

Regeln werden sehr vielfältig gelernt. Ein wichtiger Teil, gerade bei den Kleinen, ist das Beobachtungslernen. Aber auch Erfahrungen machen, wie z. B. Grenzen austesten und Grenzen erfahren, sind ein wichtiger Teil dieses Prozesses. Regeln zu lernen besteht also nicht nur aus Belohnung und positiver Verstärkung.

Mama steht in allem wohl immer am Anfang, die Familie kommt erst etwas später. (Unsere Mütter wären wohl stolz auf diese Erkenntnis.) So ist es auch bei unseren Hunden.
Bei unseren Verhaltensbeobachtungen durfte daher natürlich auch die Mutter-Kind-Beziehung nicht fehlen. Aus den eigenen Erfahrungen bei der Welpenaufzucht war ganz klar, dass diese ersten Wochen von großer Bedeutung für das Verständnis von Regeln und Grenzen sind. Es war uns aus logistischen Gründen weder möglich, unzählige Würfe zu begleiten, noch das Lernen von Regeln und Signalen und deren Veränderung, Anpassung und Verfeinerung in jedem Stadium zu verfolgen. Daher können wir

Körperliche Nähe ist wichtig für die Welpenentwicklung.

Schon im Alter von 6 Wochen konnten wir erste Parallelen von Drohbellen beobachten.

nicht auf einer wissenschaftlichen Basis nachweisen, was aus dieser frühen Phase später zu welchem Signal wird. Allerdings setzten die Mütter klare Grenzen und in diesem Setzen von Grenzen sowie den Antworten darauf haben wir einige erstaunliche Parallelen gefunden, die wir an dieser Stelle näher beleuchten wollen. Alexander von Humboldt hat einen schönen Satz geprägt, den wir uns bei Dogwatcher – Haushundeforschung in Berlin – auf die Fahne geschrieben haben: „Überall geht ein frühes Ahnen dem späten Wissen voraus."

In unseren Beobachtungen konzentrierten wir uns auf die frühkindliche Ontogenese, hier die Zeit von der 4. bis zur 8. Woche. Uns interessierte dabei besonders auf welche Weise die Mutterhündin Regeln aufstellt, wann das passiert und wie der Nachwuchs damit umgeht.

Mama ist wirklich der Schlüssel zu allem, denn alles beginnt mit ihrer Fürsorge.

Der interessierte und kritische Leser wird sich hier natürlich die Frage stellen, ob die Welpen nicht ein „angeborenes Signalverstehen" haben. Das heißt also, ob die Welpen die angeborene Fähigkeit besitzen, die Signale zu verstehen, die andere Hunde benutzen, um Regeln und Grenzen durchzusetzen. Schließlich sehen diese Regeln fast überall bei unseren Hunden gleich aus. Die Antwort lautet: „Eine solch hochkomplexe Kommunikation muss gelernt werden."

Dr. Dorit Feddersen-Petersen schreibt dazu u. a. „Bei Tieren gleicher Artzugehörigkeit ist das ‚Vokabular', sind die Signale gleich, am ehesten als ‚angeboren' aufzufassen. Ihre Bedeutungen in dieser oder jener Signalfolge jedoch müssen gelernt werden. Oder korrekter: Die Bedeutungen der Sequenzen mit dieser oder jener Signalfolge bestimmen den Inhalt des Ausdrucks, sorgen für dessen Passung über den differenzierten Eindruck beim Adressaten." (Feddersen-Petersen, „Ausdrucksverhalten beim Hund", 2008)

Spielerisches Austesten von Verhaltensweisen …

… gehört zur gesunden Welpenentwicklung.

KOPFAUFLEGEN IN DER FRÜHKINDLICHEN ENTWICKLUNG

In der Verhaltenbeobachtung der Mutter-Kind-Beziehung, findet man als erste soziale Interaktionen, die im Bereich des Pflegeverhaltens. Die Hündin putzt die milchverschmierten Schnauzen ab, schiebt die Welpen vorsichtig mit der Schnauze in die richtigen Richtungen, dreht sie auf den Rücken, um sie zu reinigen und den Darm und die Blase durch das Belecken des Bauches anzuregen. Und was tun die Welpen? Sie protestieren zwar manchmal, aber letztlich müssen sie stillhalten, sich auf den Rücken drehen und liegen bleiben.
Das kommt uns doch bekannt vor. Es sind auch Antworten auf unsere untersuchten Abbruchsignale. Hier beginnen die ersten Regeln. Würde die Hündin dies nicht durchsetzen, wäre das Wohl ihres Nachwuchses stark gefährdet.
Eine unserer anfänglichen Annahmen war, wie bereits erwähnt, der Hinweis von Günther Bloch, dass die Welpen stillhalten und ihre Handlung unterbrechen, wenn ein Alttier sie an der Schulter packt. Seine Vermutung: es könnte vom Tragen kommen. Wir haben bei Hunden das Tragen von Welpen nicht beobachten können, dafür aber oft ein Packen durch die Mutterhündin an dieser Stelle um den Welpen anzuhalten und auf den Rücken zu drehen. Die Antwort ist ein Stillhalten der Welpen. Im Anschluss folgte ein mehr oder weniger langes Beriechen und Belecken durch die Mutter. Daher stellt sich für uns die Frage ob es einen Zusammenhang zwischen diesem Positionieren durch die Mutter und der Reaktion auf das spätere Kopfauflegen gibt. Hier fügen sich gleich mehrere Signale ineinander. Das Packen im Rücken, das später ritualisiert zum Kopfauflegen werden könnte. Ein „Drüberstehen" als Aussage, still liegen zu bleiben und aufzugeben und die Antworten „anzuhalten und aufzuhören" mit dem, was man gerade tut, und der passiven Unterwerfung. Doch nichts davon hat einen aggressiven Charakter. Es sind ganz normale Alltagshandlungen, deren ständige Wiederholungen dazu beitragen, dass sie einen Signalcharakter bekommen können. 047 048

Ignorieren ist hier eine alternative Strategie der Mutter.

SCHNAUZGRIFF IN DER FRÜHKINDLICHEN ENTWICKLUNG

Jetzt mag man denken, es wäre nur ein schöner Zufall, aber weit gefehlt. Auch für den Schnauzgriff konnten wir solche Gemeinsamkeiten beobachten.
Dieser „Griff" könnte dem einen oder anderen aus der menschlichen Kommunikation durchaus vertraut sein. Vor allem diejenigen, die Kinder haben bzw. Babys aus ihrer Umgebung kennen, haben das folgende Beispiel sicherlich schon einmal beobachtet.
Irgendwann fangen Babys an, die Welt zu „begreifen". Überall wird hineingekniffen. Mamas Wange, Hals, Lippen, Haare, einfach alles, was die kleinen Babyhände zu fassen kriegen. Wird das zu doll, so nehmen die Mütter anfänglich mit stoischer Ruhe die Hand einfach weg. Immer und immer wieder. Aber nach ein paar Monaten ändert sich das Bild. Jetzt wird die Hand schon etwas energischer gepackt und ein entschiedenes „Aua, du tust mir weh!", und im weiteren Verlauf ein „Lass das!" inklusive eines strengen Blicks kommen dazu. Und je nach Hartnäckigkeit des Nachwuchses bedarf es mehr oder weniger Wiederholungen und Intensität, da die Charaktere der Beteiligten ebenfalls eine entscheidende Rolle spielen.
Wir erinnern uns: Grenzen und Regeln werden nämlich „in Übereinkunft" festgelegt und dem Nachwuchs gegenüber etabliert.

Beim Schnauzgriff ist es ähnlich. Kaum sind die Augen offen, krabbeln die Welpen auf der Mutterhündin herum und beißen in alles, was ihnen zwischen die kleinen, spitzen Zähnchen kommt. Wie Hundemütter so sind, können auch sie ihren Welpen nichts übelnehmen. Wird es ihnen aber zu viel, so nimmt die Hundemutter die kleine Welpenschnauze ganz vorsichtig zwischen ihre Zähne und der Welpe wird nur ganz kurz festgehalten und dann geputzt. Zusätzlich kann es sein, dass die Mutter den Welpen auf den Rücken dreht, wenn er nicht stillhält.

Das Video unseres ersten dokumentierten Schnauzgriffs bei den Welpen spricht an dieser Stelle für sich allein. 049

Bis zu diesem Zeitpunkt ist hier kaum agonistisches Ausdrucksverhalten erkennbar. Ein paar Wochen später, die Welpen gleichen kleinen Piranhas und die Milchleiste der Mutter ist wund und leer, sieht das Ganze dann schon anders aus. Jetzt kommen Drohmimik und entsprechende Lautäußerungen hinzu und der Schnauzgriff wird als Abbruchsignal schnell und oft von oben nach unten gerichtet gezeigt. War dieser Schnauzgriff anfänglich eher nur eine sanfte Unterbrechung, wird er nun häufiger auch als klarer Abbruch gezeigt. Am Anfang steht ein Pflege-Abhängigkeitsverhältnis zwischen der Hündin und ihren Welpen später kommt auch agonistische Kommunikation mit Grenzsetzung und dem Etablieren von Regeln dazu. Dies beschrieben Scott und Fuller bereits 1965. 1982 gab Althaus die ersten agonistischen Signale von der Mutter zu ihren Welpen zu einem Zeitpunkt um den 15./16. Lebenstag an. 050

Diese Entwicklung aus ganz alltäglichen Handlungen hin zur agonistischen Kommunikation macht deutlich, warum eine klare Grenzsetzung eben nichts mit Vertrauensmissbrauch zu tun hat. Es ist nichts Schlimmes dabei „Jetzt nicht!“ zu sagen, denn selbstverständlich lässt die Mutter die Welpen erneut trinken, wenn die Milchleiste wieder voll ist.

Häufig im Vertrauten eingesetzt: der Schnauzgriff als Abbruchsignal

GRENZSETZUNGEN IN DER FRÜHEN ENTWICKLUNG

Wenn ein Welpe zu heftig wird und von der Mutter deutlich korrigiert wird, ist das vielleicht für einen kurzen Moment schockierend, aber wenn die Hündin danach seine Schnauze leckt, sieht man an der sich entspannenden Körpersprache, dass die Beziehung nicht infrage gestellt wird. Nach einer Grenzsetzung folgt eine Versöhnung. Dies sollte auch in unserem Umgang mit Hunden nie vergessen werden. Auch weit vor unseren Untersuchungen gab es bereits Studien, die sich mit dem Einsatz von Abbruchsignalen in dieser frühkindlichen Ontogenese bei Wölfen beschäftigt haben. Die bei Bloch 2004 erwähnten Zahlen von Paul Paquet und seine eigenen Beobachtungen zeigen eine vergleichbare Situation. Untersucht wurden hier das Ignorieren, der Schnauzgriff und das „Auf-den-Boden-Drücken".
Es zeigten sich auch in diesen Untersuchungen deutliche Veränderungen in Richtung einer klaren Grenzsetzung um die 8. Lebenswoche herum.

☞ VERHALTEN VON ALTTIEREN GEGENÜBER BIS ZU 8 WOCHEN ALTEN WELPEN

Interaktionen total (n = 399)

Ignorieren	Schnauzgriff	Auf-den-Boden-Drücken
58,14 % (232)	24,56 % (98)	17,30 % (69)

☞ VERHALTEN VON ALTTIEREN GEGENÜBER WELPEN AB DER 9. WOCHE

Interaktionen total (n = 428)

Ignorieren	Schnauzgriff	Auf-den-Boden-Drücken
11,21 % (46)	49,53 % (212)	39,72 % (170)

Quelle: Bloch 2004

Dies deckt sich mit dem, was wir fanden. Erst sanfter Alltag, später ein klares „Nein". Betrachtet man diesen Zeitraum etwas kritisch, so bleibt letztlich der Gedanke, Hundewelpen erst deutlich nach der 8. Woche abzugeben, um diese wichtige Phase des Lernens der innerartlichen Kommunikation nicht zu verschenken.
Selbstverständlich finden wir auch die anderen Abbruchsignale in unseren Welpenbeobachtungen. Ein Frontales Wegverstellen z. B. findet sich immer wieder in den Spielen der Mutter mit den Welpen, gerade wenn diese nicht auf das Spielangebot eingehen wollen.
Zu einer anderen Vermutung brachte uns erst kürzlich eine aus Polen stammende Schäferhündin aus dem Tierschutz. Diese wurde dort als Vermehrerhündin gehalten und hatte wenig Erfahrung mit großen Teilen des normalen Alltags. Fast zeitgleich zu ihr kam auch eine kaum acht Monate alte Lhasa-Apso-Hündin in die Gruppe. Die Schäferhündin lag mit einem Stock da

Die Protagonisten: Wegschieben statt Wegschnappen

Regeln werden nicht nur von der Mutter gelernt.

und die Lhasahündin näherte sich. Nach unseren Erfahrungen mit Abbruchsignalen hätten wir an dieser Stelle ein Wegschnappen erwartet. Doch stattdessen schob die Schäferhündin die kaum eineinhalb Kilogramm schwere Hündin ganz behutsam mit ihrer Schnauze von sich weg, wie eine Mutterhündin einen sehr jungen Welpen. Nach ein paar Wiederholungen über zwei bis drei Tage, reichte dann ein strenger Blick und ein kaum erkennbares Nasenrückenrunzeln in Verbindung mit einem ganz leisen Knurren. Aufgrund der Aufgabe als Vermehrerhündin hatte die Schäferhündin eben mit Welpen viel Erfahrung und offensichtlich soziale Kompetenz erwerben können. Ob dieses Verhalten nun aufgrund des welpenhaften Erscheinungsbilds ausgelöst wurde oder dem Bewusstsein geschuldet war, dass die Lhasahündin sehr klein ist, bleibt unklar und wäre reine Spekulation. Die Beobachtung an sich jedoch war spannend. Dieses Schieben mit der Schnauze hatten wir bei den Welpen auch gesehen, aber da lag unser Fokus leider noch nicht auf dieser Verbindung, sodass eindeutige Beobachtungen und Datenerhebungen fehlen. Hier ist jedoch aus unserer Sicht ein lohnenswerter Ansatz, den es zu überprüfen gilt.

Das Fazit aus den Beobachtungen in dieser frühkindlichen Ontogenese ist, dass es hier bereits Signale gibt, die Handlungen abbrechen und damit auch Grenzen und Regeln durchsetzen. Diese Signale sowie die Antworten darauf und die Kontexte, in denen sie vorkommen, haben deutliche Parallelen zu dem, was wir bei den adulten Hunden finden.

- Der Schnauzgriff, der immer wieder gezeigt wird, wenn die Welpen zu heftig in die Mutter oder einen vertrauten älteren Sozialpartner beißen. 051
- Das Wegschnappen, wenn Distanz gefordert wird, wie z. B. bei der Ressourcenverteidigung. 052
- Das Festhalten im Schulter-Nacken-Bereich, das mit einem Stillhalten beantwortet wird, vergleichbar mit der Reaktion auf das Kopfauflegen
- Das Drüberstehen, wenn der Welpe still auf dem Rücken liegen und sich fügen soll. Strampelt er, wird er so lange zurechtgerückt, bis er liegen bleibt.
- Das Frontalstehen im Spiel, das dem Welpen die Möglichkeit nimmt, sich Mutters Willen zu entziehen.
- Das dem Nackenstoß ähnliche „Auf-den-Boden-Drücken“, das nach den Beobachtungen von Paquet/Bloch nach der 8. Woche deutlich mehr gezeigt wird, was wir aufgrund des Untersuchungsendes mit der 8. Woche nicht untersuchen konnten.
- Und nicht zu vergessen sind die Geschwister untereinander. Auch hier werden diese Signale untereinander gezeigt. Zwar noch recht planlos, aber mit wachsendem Erfolg. 053

Junghunde sollten aggressive Kommunikation spielerisch miteinander lernen – auch rasseübergreifend.

Hilfreich beim Erlernen aggressiver Kommunikation sind sozial kompetente Erwachsene.

Doch dann kommt eine Besonderheit in der Entwicklung unserer Haushunde. In den meisten Fällen verlassen sie den Familienverband und gehen zu ihren neuen Besitzern. Eine völlig neue Situation für die kleinen „Lehrlinge". Zwar gibt es inzwischen weit verbreitet Welpengruppen, Spielgruppen, Hundeplätze etc., doch ist es dann entscheidend, welche Erfahrungen dort gemacht werden, ob all die guten Voraussetzungen auch Früchte tragen. Genau wie bei unseren eigenen Kindern gilt auch hier die Regel, dass sie sowohl gewinnen als auch verlieren lernen müssen.

Eine weitere Besonderheit beim Einsatz der Abbruchsignale durch Erwachsene gegenüber den neuen Heranwachsenden zeigte sich in unserer täglichen Arbeit als Dogwalker z. B. beim Einrudeln oder während der Pubertät.

Wir konnten dabei zwei unterschiedliche Strategien feststellen, die erwachsene Hunde verwenden, um Statusbeziehungen dem Neuling gegenüber festzulegen und Regeln bzw. Grenzen zu etablieren.

Eine Strategie ist, den neuen Hund darauf hinzuweisen, dass etwas passieren könnte. Das bedeudet, es werden ihm, sehr deutlich immer und immer wieder Signale mit Abbruchcharakter und Andeutungen von Abbruchsignalen gezeigt. Reagierte der Empfänger deutlich mit den erwarteten Antworten, blieb es lediglich bei der häufigen Wiederholung über einen Zeitraum von wenigen Tagen bis Wochen. Ignorierte der Empfänger jedoch diese Abbrüche, wird der Abbruch durchgesetzt, z. B. durch einen Nackenstoß.

Die andere Strategie ist, den neuen Hund vor vollendete Tatsachen zu stellen und erst danach zu reduzieren. Hier werden anfänglich Signale wie das Umrempeln und der Nackenstoß überfallartig und ohne Vorwarnung verwendet. Das Resultat sind sehr beeindruckte Neuankömmlinge. Bereits wenige Wiederholungen reichen dafür aus, dass der Empfänger dem Sender gegenüber eine deutlich gesteigerte Aufmerksamkeit zeigt. Im weiteren Verlauf reichten oft schon Andeutungen des Senders aus, um beim Empfänger submissives Verhalten und die erwartete Antwort auszulösen. 054

DIE ANTWORTEN
— *der Schlüssel zur Kommunikation*

„DER SCHLÜSSEL ZUR KOMMUNIKATION LIEGT IN DEN ANTWORTEN."

So lautet einer der Hauptsätze der NLP (Neurolinguistische Programmierung) und ist den meisten Kommunikationsexperten sehr vertraut. Dieselbe Erkenntnis brachte auch uns einen entscheidenden Durchbruch in unserer Arbeit.
Wir sind keine Muttersprachler, was die Hundesprache betrifft. Deshalb ist also der Hund, der eine Information von einem anderen Artgenossen erhält, unser Schlüssel. Seine Reaktion gibt letztlich das Verständnis dafür, was der Sender möchte. Doch genau wie vorangehend schon bei den Signalen beschrieben, standen wir hier vor dem gleichen Dilemma. Was bedeuten die Antworten oder noch schwieriger, was bedeutet es, wenn wir nichts sehen?
„Vielleicht reicht diesem Hund das ja schon als Antwort." Dieser eher beiläufige Satz in einer unserer zahlreichen Diskussionen war ein weiterer Meilenstein. Für Antworten gilt dasselbe wie für die Abbruchsignale. Sie können reduziert gezeigt werden. Ein kurzes Innehalten in einer Verhaltenssequenz (Kopfauflegen), ein Weitermachen mit geringerer Intensität (Schnauzgriff), ein scheinbar zufälliges Blickabwenden (strenger Blick bei einer Ressourcenverteidigung) etc. können dem Sender bereits die erwartete Antwort geben und somit den Konflikt beenden.

Um diese Aussagen zu untermauern ist ein Blick in die Kommunikationswissenschaft hilfreich. Paul Watzlawick beschreibt in seinen Axiomen die Kommunikation (siehe hierzu Seite 36) wie folgt: Zum 3. Axiom („Kommunikation hat keinen Anfang und kein Ende, sondern verläuft kreisförmig", Watzlawick 1967) bringt er ein markantes Beispiel:
„Die Frau nörgelt weil ihr Mann sich zurückzieht. Der Mann jedoch zieht sich zurück, weil seine Frau immer nörgelt."
Egal, ob man die Betrachtung von der Frau oder vom Mann aus startet, letztlich ergibt sich ein Kreis.
Hilfreich ist es aber auch, sich das Ganze als ein Hin und Her vorzustellen, um den zweiten Teil des 3. Axioms zu verdeutlichen: „Je nachdem, wo die Interpunktion einsetzt, beeinflusst sie die Beziehung." (Watzlawick 1967)
Eine Veränderung der Aussage beeinflusst die Beziehung.
Stellen wir uns also vor, die Frau nörgelt plötzlich nicht, streichelt ihrem Mann die Wange und sagt: „ Ich liebe dich, du oller Brubbelbär!" oder der Mann lächelt verständnisvoll und gibt seiner Frau einen Kuss auf die Stirn. Dann wäre der Kreis durchbrochen bzw. das Hin und Her gestoppt.
Einer von beiden musste dafür die „erwartete Antwort" des anderen bringen.

DIE ERWARTETEN ANTWORTEN

Diese „erwarteten Antworten" sind ein von uns beobachtetes und benanntes Phänomen, das in unseren langen und zahlreichen Beobachtungen immer wieder auftauchte. In fast identischen Kontexten kam es dazu, dass abhängig von der Rasse und dem Charakter des Senders unterschiedliche Handlungsabläufe zu finden waren (siehe Kasten, unten).

ERWARTETE ANTWORTEN

Sender kommunizieren, um eine Information weiterzugeben und damit auch, um gegebenfalls eine entsprechende Reaktion zu bekommen. Man könnte sagen, sie erwarten eine bestimmte Antwort. Diese erwartete Antwort kann situativ, individuell und nach Rasseprädisposition variieren. Unsere Haushunde verwenden in der Kommunikation unter anderem Signale instrumentell, um beim Interaktionspartner (dem Empfänger) kontextbezogen eine Verhaltensveränderung zu erwirken.

Das heißt im Fall der Abbruchsignale z. B., dass mit einem Wegschnappen der Empfänger zu einer Distanzvergrößerung bewegt werden soll, oder im Fall des Drüberstehens eine submissive Haltung und die völlige Beendigung sämtlicher Aktivitäten eingefordert wird.

Durch die selektive Beeinflussung hat der Mensch bestimmte Verhaltensweisen des Hundes verstärkt bzw. abgeschwächt. Dies hat zusätzlich auch Einfluss auf die innerartliche Kommunikation.

Ein anschauliches Beispiel dazu ist der Fremdkontakt durch die Annäherung eines unbekannten Hundes an eine Gruppe. Vergleicht man unterschiedliche Zuchtziele unserer Haushunde und betrachtet beispielsweise Hunde, die zum Schutz gezüchtet wurden, mit Hunden, die zur Jagd bzw. dem Hüten verwendet werden, so wird schnell deutlich, worauf wir hinauswollen.

Die meisten Haus-, Hof- und Herdenbeschützer werden in der Regel dem Eindringling ein paar Meter entgegeneilen, sich groß machen, hochspringen, mit den Pfoten auf den Boden stampfen und mit lauten Gebell kundtun, dass eine Annäherung unerwünscht ist. Dreht der Fremde ab, ist die Situation meist auch schon geklärt. Manchmal kommt es zu einem kurzen Verfolgen, wobei aber das Erreichen des Fremden eher nicht gewollt, sondern lediglich die Vertreibung deutlich gemacht wird. Kommt der Eindringlich zu nah,

Beginnende Distanzvergrößerung (Hund rechts)

Submissive Antwort: Sich-Kleinmachen und Entziehen

wird konsequent angegriffen, ohne Rücksicht auf eigene Verluste.
Anders bei einigen Jagd- und Hütehundrassen. Je nach Zuchtziel sollen einige von diesen Spezialisten in ihrer Arbeit mit anderen in eine Interaktion treten.
Bei diesen Hundetypen werden im überwiegenden Fall Überfalltendenzen gezeigt, sobald ein Fremder auftaucht. Es wird der Kopf auf Rückenhöhe gesenkt, Augen und Ohren werden auf den Fremden ausgerichtet, die Rute wird gesenkt und die Anspannung in der Muskulatur wird deutlich erkennbar. Wieder andere Hunde beginnen diese Handlungskette meist schon beim „Sich-flach-auf-den-Boden-Legen-und-Lauern". Unterschreitet der Fremde eine bestimmte Distanz, wird der Überfall gestartet. Bleibt der Eindringling stehen, wird in den meisten Fällen kurz vorher gestoppt und eine ausführliche olfaktorische Kontrolle folgt. Einige Hütespezialisten werden den Eindringling bellend umkreisen. Flüchtet der Fremde, kommt es häufig zu einem konsequenten Verfolgen. Einige Hunde werden den Fremden packen und über den Haufen rennen, andere werden tendenziell den Eindringling durch Bisse in die Hacken zu stoppen versuchen.
Ganz anders Vorstehhunde. Sie frieren im sogenannten Vorstehen ein. Das hier von Hunden verwendete Verhalten ist die züchterisch selektiv beeinflusste Handlungkette des Beutefangverhaltens.

Die Verwendung dieses Verhaltens beim Fremdkontakt wurde vielfach dokumentiert und das Internet ist voll von solchen Videos.
Den Ablauf des Beutefangverhaltens finden wir bereits bei den Wölfen nicht nur ausschließlich in der Jagd.
Die nahe Verwandtschaft zwischen Überfall, Scheinangriff und Spielattacke beschrieb bereits Erik Zimen (1978) in seinem Buch „Der Wolf". Er verweist darauf, dass eine Unterscheidung erst in den letzten zwei bis drei Sprüngen möglich ist, da das Verhalten sonst nahezu identisch ist.
So kann es also sein, dass der Hundehalter der Ihnen zuruft: „Der will nur spielen.", recht hat, wenn sein Hund sich flach auf den Boden legt.
Übersieht man im Kontext aber eine mögliche Konkurrenzsituation oder das Verhalten wird von Ihrem Hund anders interpretiert, so endet das nicht selten in einem Konflikt.
Selektiv wurden Hunde gezüchtet, die bestimmte Elemente dieses Verhaltens hypertrophiert als Strategie anwenden. Niemand braucht einen Herdenschutzhund, der kilometerweit entfernt einen Kampf austrägt, und die Herde schutzlos zurücklässt. Für ihn ist die richtige Antwort auf seinen Scheinangriff, wenn der andere zusieht, dass er Land gewinnt. Anders bei den auf Seite 177 erwähnten Hunden, die in die Interaktion treten sollen. Von ihnen möchte man, dass sie „Kontrolle" ausüben. Die einen beim Hüten, die anderen beim Stellen von Beute. Bei ihnen ist Flucht also keine gute Idee und Protest bei Kontakt auch nicht. Eine Parallele hierzu, die sich bei uns Menschen anbietet, sind amerikanische Polizisten bei einer Kontrolle. Richtige Antwort: „Still sitzen bleiben, Hände aufs Lenkrad und tun, was man gesagt bekommt, bis die Kontrolle vorbei ist."
Der Vorstehhund seinerseits soll das Wild klar anzeigen und dem Jäger nicht in die Quere kommen.
Hier hat der Mensch durch die Zucht dafür gesorgt, dass Hunde unterschiedliche Antworten auf ihre gezeigte Aussage erwarten. Ausnahmen bestätigen auch hier die Regel. Nicht jeder Hund ist seinem Charakter folgend ein gutes Beispiel für rassetypisches Verhalten. Sei es genetisch oder erlernt. Also nicht immer ist der Herdenschutzhund asozial, wenn er den fremden Labrador in den Boden stampft, weil dieser ihm in aktiver Unterwerfung um den Bart geht, obwohl er ihm doch schon signalisiert hat, dass er keinen Kontakt möchte.
Hier treffen zwei völlig verschiedene Erwartungen aufeinander, die beide Menschen gemacht sind. Durch Selektion ist der Herdenschutzhund eher misstrauisch und fordert Distanz ein. Der Labrador hingegen soll freundlich kooperieren. Distanz ist hier unerwünscht. Auch wenn der Labrador in diesem Fall submissiv reagiert, verstößt er damit dennoch gegen jegliche Benimmregeln des Herdenschutzhundes, der letztlich vielleicht nur die Kinder hinter sich beschützt.
Das Problem an den erwarteten Antworten ist, die entsprechenden Antworten für die jeweiligen Kontexte zu kennen. Eine entsprechende Studie, die alle Hunderassen umfasst, wird jedoch nur eine Illusion bleiben, da sie vom Aufwand her schier unmöglich zu bewältigen wäre.

Protest gegen spielerisches Umrempeln

UNSERE DATEN

In der von uns angefertigten Untersuchung haben wir eine große Auswahl an möglichen Antworten aufgenommen. Diese Auswahl beruhte zu einem großen Teil auf unseren jahrelangen Erfahrungen, aber selbstverständlich auch auf wissenschaftlichen Ansätzen. Die Möglichkeit, dass es eigentlich auch zu „unmöglichen" Antworten kommen kann, durften wir nicht vernachlässigen. Wer hätte es geglaubt, aber einen solchen schwarzen Schwan haben wir auch gefunden. Eigentlich würde man nicht erwarten, dass ein Hund auf ein Abbruchsignal erst die Distanz vergrößert und dann in die passive Unterwerfung fällt. Und doch, auch so etwas kommt vor. Das von uns gesammelte Datenmaterial ist umfangreich genug um noch viele weitere komplexe Zusammenhänge bezüglich der Antworten zu untersuchen. Ein Zusammenhang von Statusbeziehungen und Vertrautheit mit angedeutet submissiven Antworten wäre nur ein Punkt, den es genauer zu beleuchten gilt. Doch genug des Einblicks in das Thema Antworten. Es wird Bestandteil der weiteren Arbeit von Dogwatcher sein und vielleicht auch irgendwann ein Buch füllen.

Aktive Unterwerfung im Kontext Schnauzgriff

ALTERNATIVE STRATEGIEN

— *Nicht immer muss es ein Abbruchsignal sein*

BEISPIELE FÜR ALTERNATIVE STRATEGIEN

Im Lauf unserer Forschungsarbeit, also sozusagen während des Wartens auf Abbruchsignale, beobachteten wir unter den Hunden auch noch andere kommunikative Strategien, die das Verhalten eines anderen Hundes abbrechen, unterbrechen oder hemmen können.
Statt ein Abbruchsignal zu setzen, wird also eine alternative Strategie verwendet, wie etwa eine Spielaufforderung, ein Sich-Entziehen, ein Ignorieren oder eine Beschwichtigung.
Oft ist dies bei Welpen gegenüber den Eltern, bei jüngeren unerfahrenen Hunden gegenüber den „alten Hasen" oder auch einfach bei statusniedrigen gegenüber statushohen Tieren der Fall.
Es gibt durchaus verschiedene Gründe dafür, eine alternative Strategie anstelle eines Abbruchsignals zu verwenden. In manchen Fällen möchte ein Hund die Stimmung eines anderen verändern, z. B. eine sexuelle Motivation in eine Spielstimmung. Manchmal traut sich ein Hund nicht, einen Abbruch zu setzen, in wieder anderen Fällen hat er es einfach nicht nötig und ignoriert das Gegenüber.
Auch wenn der Fokus unserer Arbeit hauptsächlich auf den Abbruchsignalen liegt, so können wir aufgrund unserer Beobachtungen doch vermuten, dass mindestens ebenso häufig, wenn nicht sogar häufiger als Abbruchsignale, alternative Strategien verwendet werden.

Versuchte Stimmungsänderung durch Spielsignale

Diese werden in den meisten Fällen sehr erfolgreich angewendet, in Einzelfällen kann es jedoch auch dazu kommen, dass sie nicht funktionieren. So zum Beispiel, wenn man auf der anderen Seite einen „Kontrolletti-Typen" hat (frei nach Günther Bloch). Solch ein Hund möchte sich in der Regel unbedingt vergewissern, ob seine Signale auch wirklich angekommen sind. Wird so einem „Kontroletti" gegenüber eine alternative Strategie angewandt, z. B. ein Ignorieren auf eine soziale Annäherung, so wird dieser Hund nachfragen, etwa durch eine weitere Annäherung. In diesem Fall wird das Verwenden einer alternativen Strategie erfolglos sein und mit hoher Wahrscheinlichkeit erfolgt dann auf weitere Annäherung ein Abbruchsignal.

01 *Auf seine sexuellen Annäherungsversuche ...*

02 *... wurde der Rüde von der Hündin bestiegen.*

SPIELAUFFORDERUNG BZW. VERWICKLUNG IN EIN SPIEL

Sehr häufig und oft auch sehr erfolgreich werden Spielaufforderungen als alternative Strategie verwendet. Dabei wird das Spiel instrumentell eingesetzt, um die Stimmung des Gegenübers zu verändern.
Bei aggressiver Annäherung durch einen anderen Hund oder auch bei einem befürchteten Überfall kann durch eine offensiv ausgeführte Spielaufforderung der „Angreifer" besänftigt werden.
Noch weit häufiger finden wir diese Strategie bei einer sexuell motivierten Annäherung. Statt eines Abbruchs – manchmal auch erst nach bereits versuchtem Abbruch beispielsweise durch Wegschnappen – wird seitens der Hündin ein Spiel initiiert, um den Rüden von der sexuellen Motivation in ein Spiel umzulenken.
In einigen Fällen konnten wir beobachten, dass der Rüde seine sexuellen Intentionen tatsächlich vergaß und komplett in das von der Hündin initiierte Spiel involviert war. In vielen Fällen gelang dies allerdings weniger gut, und es folgte doch noch ein Abbruchsignal dem Rüden gegenüber.
Selbstverständlich gibt es auch Mischformen. So versucht in manchen Fällen der Rüde während eines Spiels zwischendurch aufzureiten, wird von der Hündin situativ durch Wegschnappen unterbrochen und anschließend geht das Spiel weiter. Es gibt aber auch entgegengesetzte Fälle, in denen der Rüde das Spiel instrumentell einsetzt, um nah genug an die Hündin heranzukommen und sie dann sexuell motiviert zu besteigen (siehe „Abbrüche im Spiel", ab Seite 188).

INSTRUMENTELLES SPIEL

Ein Hund setzt ein Spiel oder ein Element aus dem Spielverhalten ein und beeinflusst das Verhalten und oder die Stimmung des Gegenübers. (Definition Dogwatcher).
Ein typisches Beispiel ist eine Hündin, die es schafft, den sie bedrängenden und dabei sexuell motivierten Rüden in eine Spielstimmung umzulenken.

03 Die alternative Strategie (Entzug) scheitert.

04 Auch ein angedeutetes Wegschnappen …

05 … führt nicht zum Erfolg.

06 Erst auf das Abbruchsignal Wegschnappen …

07 … lässt die Hündin ab.

SICH ENTZIEHEN

Manchmal kann es auch die bessere Strategie sein, sich zu entziehen, statt ein Abbruchsignal zu zeigen, um das Gegenüber in seinem Verhalten zu beeinflussen.
Das Sich-Entziehen wird oft als Reaktion auf soziale Annäherung durch einen anderen Hund gezeigt. Der sich entziehende Hund versucht mit dieser Strategie, die Kontaktaufnahme durch den ankommenden Hund zu verhindern. Diese Strategie wird oft von eher unsicheren Hunden angewendet. Sollte das Entziehen nicht funktionieren, wird im Anschluss wahrscheinlich ein Abbruchsignal folgen. In diesem Fall ein eher defensives Drohen, eventuell gefolgt von einem Wegschnappen.
Die alternative Strategie, also hier das Sich-Entziehen, ist allerdings die erste Wahl. Der Hund möchte den Konflikt möglichst vermeiden. 055

IGNORIEREN

Das Ignorieren wird anders als das Sich-Entziehen eher von statushohen Hunden gezeigt, sie haben es nicht nötig, auf die „Forderungen" des Gegenübers einzugehen, auch nicht mit einem Abbruchsignal.
Das Ignorieren wird häufig auf Spielaufforderungen gezeigt, aber auch soziale Annäherungen werden gekonnt ignoriert. Oft sieht man während des Ignorierens ein Abwenden des Kopfes: „Ich sehe dich überhaupt nicht", könnte dem Gegenüber hiermit unmissverständlich signalisiert werden. Sollte das Ignorieren an dieser Stelle nicht funktionieren, folgt situativ wieder ein Abbruchsignal. Im Gegensatz zum Entziehen, wird das Drohen, ebenso wie das eventuell folgende Wegschnappen, jedoch eher offensiv gezeigt.

Man muss allerdings sehr genau hinschauen, ob tatsächlich Ignorieren als alternative Strategie gezeigt wird. In Einzelfällen sieht man vom Sender vor oder während des Kopfabwendens auch ein leichtes Drohen oder hört ein Knurren, dann würde es sich eher um die Reduzierung eines Abbruchsignals handeln. 056

BESCHWICHTIGUNGS-SIGNALE

Ganz ähnlich wie Abbruchsignale dienen auch Beschwichtigungssignale unter Hunden dazu, Konflikte und Eskalationen zu vermeiden und gehören somit ebenfalls zu den alternativen Strategien.
So schreibt schon Konrad Lorenz (1974), dass der Wegfall beschwichtigenden

Protest ist nicht die einzige Strategie.

Die Annäherung an die Ressource wurde hier erfolgreich ignoriert.

Verhaltens in einer Gruppe offenem Aggressionsverhalten gleichkäme. Selbiges gilt übrigens auch für den Wegfall von Abbruchsignalen.
Beschwichtigungssignale können in vielen Fällen aggressives Verhalten hemmen, da sie wie die vorweggenommene Antwort auf ein mögliches Abbruchsignal fungieren und somit dem Sender den „Wind aus den Segeln nehmen".

FALLBEISPIEL: ELTON

Als Beispiel soll hier „Elton" dienen, ein junger intakter Vizslarüde, der im Alter von fünf Monaten neu in eine unserer Hundegruppen kommt. Ein erwachsener intakter Akitarüde nähert sich in zügigem Tempo, um den „Neuen" abzuchecken. Elton macht sich klein und verharrt in dieser Haltung und hemmt damit den ankommenden Rüden. Der lässt nach kurzer olfaktorischer Kontrolle von dem Jungspund ab – alternative Strategie erfolgreich! Stellt man sich diese Situation nun andersherum vor, also der erwachsene Akita ist neu in der Gruppe und wird durch den jungen Vizsla kontrolliert, so würden wir an dieser Stelle sehr wahrscheinlich eher ein Abbruchsignal, wie z. B. ein Wegschnappen, oder zumindest die Reduzierung wie etwa ein Drohen sehen.
In anderen Fällen kann beschwichtigendes Verhalten auch als direkte Antwort auf ein Abbruchsignal folgen, z. B. die Blickkontaktvermeidung. Während unserer Verhaltensbeobachtungen erfolgte die Blickkontaktvermeidung nicht nur als direkte Antwort auf ein Abbruchsignal, sondern auch häufig als Reaktion auf ein reduziert gezeigtes Abbruchsignal; sehr wahrscheinlich, um eine Steigerung des abbrechenden Verhaltens zu vermeiden.
In wieder anderen Fällen werden Beschwichtigungssignale anstelle von Abbruchsignalen verwendet, so z. B. bei Annäherung eines aufdringlichen aber statushohen Althundes. Oft kann man hier das Sich-Kleinmachen oder auch seltener Pföteln beobachten, manchmal begleitet von einer Licking Intention. Hier wäre die Verwendung eines Abbruchsignals unter Umständen keine gute Idee, selbst wenn, wie Bloch (2004) schreibt, Protest auch von statusniedrigen Hunden den statushohen gegenüber situativ erlaubt ist.

BESCHWICHTIGUNGSSIGNALE

Laut Wikipedia ist das Beschwichtigungssignal oder englisch Calming Signal „... ein umstrittenes Konzept aus der Hundeerziehung, das auf die norwegische Hundetrainerin Turid Rugaas zurückgeht. Beschwichtigungssignale sind nach Rugaas Bestandteile der Kommunikation unter Hunden, die gezielt zum Vorbeugen von Konflikten eingesetzt werden."

Die meisten der von Rugaas aufgeführten Beschwichtigungssignale konnten bisher nicht wissenschaftlich belegt werden. Das zeigt unter anderem die Diplomarbeit von Mira Meyer (2006) mit dem Thema „Die Beschwichtigungssignale der Hunde", die im Rahmen des Pizzahunde-Projektes von Günther Bloch entstanden ist.

Selbstverständlich gab es schon vor Rugaas Signale, wie Blickkontaktvermeidung, Sich-Kleinmachen, Pföteln oder bestimmte Licking Intentions. Diese Signale wurden durch Forschungen anerkannter Wissenschaftler, wie z. B. Schenkel (1967), Zimen (1972) oder Feddersen-Petersen (2004) eindeutig als beschwichtigende Kommunikationssignale belegt.

Auch durch unsere im Rahmen des Dogwatcherprojektes vorliegenden Beobachtungen, sowohl bei den Antworten als auch bei den alternativen Strategien, werden diese Signale bestätigt.

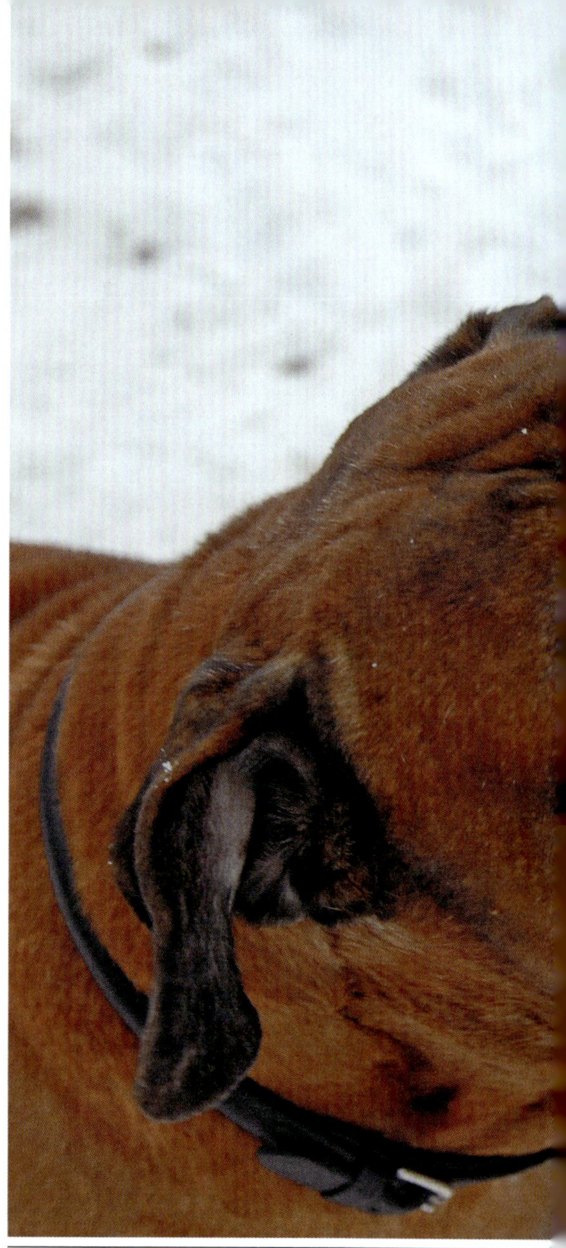

ANDERE ALTERNATIVE STRATEGIEN

Hunde sind nicht nur grundsätzlich, sondern auch in ihren kommunikativen Strategien sehr anpassungsfähig. Aus diesem Grund ist zu vermuten, dass noch weit mehr alternative Strategien existieren, die anstelle eines Abbruchsignals gezeigt werden können.

Statt eines Abbruchs können alternativ auch Beschwichtigungssignale gezeigt werden.

So ist beispielsweise in Einzelfällen beobachtet worden, dass Markieren vermutlich instrumentell eingesetzt wurde, um den anderen Hund von sich abzulenken und sich dann unbemerkt entziehen zu können, während der andere Hund mit der Markierstelle beschäftigt war.
In einem weiteren Fall hat ein Rüde einem anderen gegenüber eine sexuelle Motivation eingesetzt, um dessen Stimmung zu beeinflussen, ähnlich wie beim instrumentell eingesetzten Spiel (siehe Seite 182).
Dieser Bereich des Ausdrucksverhalten der Hunde ist noch längst nicht ausreichend erforscht und es sind sicher noch etliche weitere spannende Ergebnisse zu erwarten.
Gerade die Bedeutung der olfaktorischen Kommunikation der Hunde wird für uns Menschen wahrscheinlich noch lange im Verborgenen bleiben.

ABBRÜCHE IM SPIEL

— *mannigfaltig!*

REGELN UND GRENZEN IM SPIEL

EIN SPIEL WIRD ABGEBROCHEN

In Spielsituationen können vielfältige Formen von Abbrüchen gezeigt werden. Auch hier werden die verwendeten Abbruchsignale sehr variabel gezeigt. Ein Spiel kann dabei sowohl gehemmt als auch unterbrochen oder abgebrochen werden.

Wenn beispielsweise zwei Hunde miteinander spielen und ein dritter kommt hinzu, so wird dieser manchmal in seinem Vorhaben abgebrochen. „Du spielst nicht mit!", könnte man hier interpretieren.

In den meisten Fällen geschieht dies durch ein Wegschnappen oder seltener durch einen Scheinangriff bzw. durch die entsprechenden Reduzierungen.

Allerdings ist bei Abbrüchen im Spiel nicht immer einer der Spielpartner auch der Sender.

So kann das Spiel zweier Hunde auch durch einen dazukommenden dritten abgebrochen werden. „Hört damit auf!" könnte hier die Aussage sein – zumindest dann, wenn sie an beide interagierenden Hunde gleichzeitig gerichtet ist.

Oft ist die Aussage aber nur an einen der Interagierenden gerichtet, dann soll nur einer der Spielenden aufhören. „Spiel nicht mit dem!", könnte hier genauso die Aussage sein wie „Spiel gefälligst mit mir!"

FALLBEISPIEL: NUKKA – KODIAQ

So versuchte die Alaskan-Malamute-Hündin Nukka mit allen Mitteln den zu ihr gehörenden Rüden Kodiaq daran zu hindern, sich mit einer anderen Hündin zu befassen. Nach vergeblicher Spielaufforderung rempelte sie ihn an, danach folgte ein angedeuteter Nackenstoß und schließlich bestieg sie ihn. Erst als er sich mit ihr und nicht mehr mit der anderen Hündin befasste, gab sie sich zufrieden.

Das Besteigen scheint in diesem Zusammenhang eine besondere Bedeutung zu haben.

So zeigen unsere Daten, (siehe jeweiliges Diagramm) dass in 42 % der beobachteten Kontexte, in denen das Signal Besteigen vorkam, der Sender dieses Signal verwendete, um das Spiel von anderen Hunden zu splitten.

Deutlich seltener wurden zu diesem Zweck ein Kopfauflegen (16 %), eine T-Position (16 %) oder ein Scheinangriff (12 %) verwendet. Am seltensten kam hier der Nackenstoß vor (9 % der beobachteten Kontexte).

01 Im freien Spiel …

02 … wird ein Hund fordernd und besteigt den anderen.

EIN SPIEL WIRD UNTERBROCHEN

Dann gibt es die Abbruchsignale im Spiel, die von den Interagierenden untereinander verwendet werden. Diese bedeuten meist keinen Spielabbruch, sondern eher eine kurze Unterbrechung. 057
Denn wenn während des Spiels ein Abbruchsignal gezeigt wird, geschieht dies häufig, wenn einer der Spielpartner zu sehr über die Stränge schlägt, z. B. etwas zu heftig wird oder dabei dem anderen vielleicht sogar wehtut. Der folgende Einsatz eines Abbruchsignals soll in den seltensten Fällen das Spiel komplett beenden, sondern meist nur situativ unterbrechen, um den Spielpartner kurz zur Räson zu rufen oder gegen ihn zu protestieren. Das Spiel kann danach nahtlos fortgesetzt werden. Manchmal ist die Unterbrechung so kurz, dass sie von Außenstehenden nicht einmal wahrgenommen wird.
Das liegt in der Regel daran, dass häufig gar kein Abbruchsignal mehr zu sehen ist, sondern nur eine Reduzierung desselben. So reicht schon eine kleine, kaum sichtbare Bewegungsintention oder aber eine leichte Veränderung der Mimik, wie z. B. das kurze Zusammenziehen der Augenbrauen, also sozusagen die Ankündigung einer Drohmimik aus, um das Spiel situativ zu unterbrechen oder die Intensität des Spielpartners zu hemmen. Auch kann es sein, dass das Drohen als Vorstufe eines Abbruchs nur sehr kurz gezeigt wird und deshalb von außen nur schwer wahrnehmbar ist. Dieses oft nur minimalistisch gezeigte Ausdrucksverhalten finden wir vor allem bei miteinander sehr vertrauten Hunden.

EIN SPIEL WIRD DURCH EINEN AUSSENREIZ ABGEBROCHEN

Ein Spiel, das eigentlich im entspannten Feld stattfindet, kann auch durch einen Außenreiz abgebrochen werden. Im vor-

liegenden Fall befinden sich eine Pyrenäenberghündin und eine Wolfhündin im gemeinsamen Spiel. Beide Hündinnen sind intakt und miteinander sehr vertraut, die statushöhere Herdenschutzhündin hat sich in ein Selbsthandicap (siehe Kasten, Seite 193) begeben, das heißt in diesem Fall, sie liegt auf dem Rücken und lässt sich von der jüngeren Wolfhündin buchstäblich auf der Nase herumtanzen. Plötzlich ertönt von außen ein Pfiff, für die Pyrenäenberghündin ist das Spiel augenblicklich beendet, sie springt auf und schüttelt die Wolfhündin quasi ab. Die folgende Nachfrage, ob man nicht vielleicht doch weiterspielen könnte, quittiert sie mit Drohen und einem Wegschnappen.
Situativ ist die positive Spielstimmung gestört, das entspannte Feld ist nicht mehr vorhanden. Durch den Pfiff und die dadurch erwartete eventuelle Bedrohung von außen ist die Pyrenäenberghündin sofort im Arbeitsmodus und damit ab sofort nicht mehr in Spielstimmung.
Günther Bloch berichtete uns von ähnlichen Beobachtungen bei kanadischen Wölfen. 058

EIN SPIEL WIRD DURCH INNERE MOTIVATION ABGEBROCHEN

Ein Spiel kann auch direkt durch einen der beiden Interagierenden abgebrochen werden. Dies geschieht, indem er ohne von außen erkennbaren Grund einfach damit aufhört, zu spielen. Häufig kann man das bei Elterntieren gegenüber Welpen oder Jungtieren sehen. Wenn beispielsweise die Mutter mit einem Welpen spielt, so kann es vorkommen, dass sie mitten im Spiel einfach aufhört, scheinbar keine Lust mehr hat, zu spielen. Dieser Spielabbruch wird in der Regel vom statushöheren Hund gezeigt und vom Gegenüber akzeptiert. Eventuell gibt es hier auch noch einen pädagogischen Aspekt. Ich beende das Spiel „weil ich es kann". Auch zwischen Mensch und Hund kann diese Art des Abbruchs situativ durchaus erfolgreich angewandt werden.
Wenn hingegen der statusniedrige Hund keine Lust mehr auf ein Spiel haben sollte, wird er sich in dieser Situation eher versuchen zu entziehen oder aber in Einzelfällen protestieren.

03 *Angedeutetes Wegschnappen reicht …*

04 *… und das Spiel kann weitergehen.*

01 Im Spiel der Aussierüden mit der Hündin …

02 … wird spielerisch ein Nackenstoß angedeutet.

INSTRUMENTELLES SPIEL

Spielverhalten bzw. eine Spielaufforderung wird instrumentell eingesetzt, um das Verhalten des anderen abzubrechen oder zu unterbrechen (siehe „Alternative Strategien“, Seite 180).

EINFACH NUR SPIEL UND KEIN ABBRUCH

Wer schon einmal junge Hunde auf hundertachtzig im wilden Spiel beobachtet hat, kann sich durchaus vorstellen, dass sich so mancher Außenstehende hier fragt, ob dieses „aggressive Verhalten“ denn noch normal sei.

Das liegt vor allem daran, dass Ausdrucksverhalten im Spiel oft übertrieben gezeigt wird.

Dorit Feddersen-Petersen (2008) schreibt dazu „der Eindruck einer solchen Ausdrucksübertreibung entsteht komplex, der ungerichtete Blick spielt ebenso eine Rolle wie die auffällige Geschwindigkeit von Ausdrucksänderungen.“

Diese übertriebenen Spielausdrücke, gerade in der Mimik, können durchaus ähnlich wie Abbruchsignale oder Vorstufen, wie z. B. Drohen, aussehen, haben aber in diesen Fällen nicht die entsprechende Bedeutung. Wer genau hinschaut, sieht im Gegenteil, dass die tatsächliche Drohmimik hier sogar meistens fehlt. Maul und Augen werden übertrieben weit aufgerissen, das ist schön zu sehen bei dem typischen Maulgerangel unter Hunden. 059

Auch bei häufig vorkommenden Kampf- und Beißspielen sind Schnappbewegungen zu beobachten, die wie das beschriebene Abbruchsignal Wegschnappen aussehen. Typisch für Spiel können eben Verhaltenselemente aus allen Kontexten vorkommen auch aus dem der Abbruchsignale.

Nicht nur an den übertriebenen Spielgesichtern oder an der fehlenden Drohmimik nein, auch an den Antworten des jeweiligen Gegenübers kann man hier gut erkennen, dass es sich tatsächlich um Spielverhalten handelt, welches auch nicht unterbrochen wird.

Das heißt, der Sender sendet innerhalb des Spiels ein Signal, welches ähnlich wie ein Abbruchsignal aussieht und welches durch den Empfänger nicht in der sonst erwarteten Art beantwortet wird. Das Spiel wird also auch nicht kurz unterbrochen sondern geht tatsächlich nahtlos weiter.

☞ SPIEL

Spielverhalten ist ein sehr komplexes Verhalten und trotz aller Untersuchungen zu diesem Thema gibt es so etwas wie DIE Spieldefinition nicht. Oft wird versucht, das Spiel über das, was man beobachten kann, zu definieren. Im Tierreich spielen vor allem Jungtiere, allerdings zeigen viele Haustiere auch noch als Erwachsene Spielverhalten. Es wird vermutet, dass Fähigkeiten, die wichtig für das Überleben sind, spielerisch an Ersatzobjekten geübt werden: z. B. das Rennspiel bei jungen Hunden. Hinterherjagen, Wegabschneiden, Ausweichen sind Fähigkeiten, die für eine Jagd sehr nützlich sind.

TYPISCHE KRITERIEN FÜR EIN SPIEL SIND UNTER ANDEREM

- Spiel hat keine unmittelbare Funktion und es setzt sich aus vielen Verhaltensweisen aus anderen Kontexten zusammen, wie z. B. Beutefang-, Fortpflanzungs-, Komfort- und Aggressionsverhalten. Zudem werden diese Verhaltensweisen meist wahllos bzw. frei und kreativ aneinandergereiht, ohne einen Ernstbezug und ein Ziel.
- Spiel findet in stressarmer bzw. stressfreier Umgebung, also im entspannten Feld statt und ist freiwillig. Jeder der Spielpartner kann es beenden. Zudem belohnt das körpereigene Belohnungssystem die Spielenden. Das heißt, Spiel ist selbstbelohnend und muss nicht von außen verstärkt werden.
- Im Spiel werden Verhaltensweisen oft übertrieben gezeigt. Die Bewegungen sind ausladender, die Mimik überdeutlich.
- Im Spiel gibt es oft einen Rollentausch, sodass aus dem „Jäger" schnell mal der „Gejagte" werden kann. Weiterhin findet man, vor allem bei ungleicher Kräfteverteilung, ein Selbsthandicap, d. h. dass sich z. B. der größere und kräftigere Hund freiwillig in eine Position begibt, die vorteilhaft für den anderen ist, z. B. legt er sich auf den Boden oder der „Gejagte" drosselt sein Tempo, wenn der andere nicht hinterherkommt.

Typische Spielausdrücke in Mimik und Bewegung

DIE BEDEUTUNG DER ABBRUCHSIGNALE
— *für den Menschen*

„WIE KANN ICH DAS FÜR MICH UND MEINEN HUND ANWENDEN?“

Diese Frage tauchte in den letzten Jahren sehr häufig in Diskussionsrunden am Ende von Fachseminaren zu Hundeverhalten auf. Anwesende Hundetrainer wollten das soeben erworbene Fachwissen möglichst umgehend in ihren eigenen Hundeschulen anwenden. Auch Hundehalter beschäftigt nach einem solchen Seminar oftmals die Frage: „Wie passt das zu unserer persönlichen Mensch-Hund-Beziehung?“.
Das wird auch bei den Abbruchsignalen nicht viel anders sein. Und wenn man sich bisherige Diskussionen zum Thema Abbruch und Grenzsetzung vor Augen führt, fällt sofort auf, dass die fachliche Seite, nämlich die Verhaltensbeobachtung in der Hund-Hund-Kommunikation und auch deren wissenschaftliche Auswertung, sehr schnell in den Hintergrund treten. Stattdessen wird eine oft sehr emotionale Debatte darüber geführt, ob man überhaupt Grenzen setzen darf, oder wie eine angemessene Grenzsetzung in der Mensch-Hund-Beziehung auszusehen hat. In der Hitze des Gefechts werden schnell jegliche Fakten außer Acht gelassen, und von dem, was Hunde ganz selbstverständlich und erfolgreich innerartlich anwenden, sind wir bei dem gelandet, was der Mensch aus welchen Gründen auch immer zu tun und zu lassen hat.
Vor allem in den sozialen Medien ufert diese Debatte häufig soweit aus, dass sich Menschen gegenseitig beschimpfen und sogar bedrohen. Hier wird ad absurdum geführt, dass Abbruchsignale ja eigentlich Schaden abwenden sollen und der Eskalationsvermeidung dienen!
Ganz im Sinn der Eskalationsvermeidung wollen wir an dieser Stelle sowohl Hundetrainern als auch Hundehaltern einige Gedanken und Fakten zum Thema Abbruchsignale und Grenzsetzung an die Hand geben.
Eine sehr wichtige Frage, die sich unserer Meinung nach alle stellen sollten, denen wirklich etwas an Hunden liegt, ist:

Schaffen wir emotionale Krüppel?

Immer häufiger wird schon in Welpengruppen jegliche aggressive Kommunikation unterbunden. Das bedeutet, die Trainer weisen die Besitzer an, ihren Hund aus der Situation herauszunehmen. „Damit er das gar nicht erst lernt“, heißt es dann, und wenn ein Hund einmal knurrt, droht oder gar schnappt, werden die Halter vor versammelter Mannschaft zurechtgewiesen.
Das kann im Einzelfall bis zum Rausschmiss aus der Gruppe führen, sodass die verzweifelten Hundehalter nun ganz ohne professionelle Hilfe mit ihrem auf einmal zum „Problemhund“ abgestempelten Hund dastehen.

Und das, obwohl ja eigentlich alle Hundetrainer schon seit Jahren wissen sollten, dass aggressive Kommunikation ein obligatorischer Bestandteil des Sozialverhaltens von Hunden ist (Feddersen-Petersen 2008). Leider wird dieser Fakt noch immer von etlichen Trainern ignoriert, viele von ihnen bedienen lieber den sehr lukrativen Markt der zwanglosen und gewaltfreien Hundeerziehung ohne jegliche Aggression und mit ausschließlich positiver Belohnung. Und wenn das Hund-Mensch-Team mal nicht in dieses nette Schema passt, geht es ihm wie bereits geschildert.

Dass sich viele Hundehalter einen immer nur lieben und netten Hund wünschen, ist ja durchaus ein verständlicher Wunsch, aber Hunde sind nicht immer lieb und nett, sie haben Launen und schlechte Tage und mögen eventuell nicht jeden Artgenossen. Auch denen, die sie mögen, zeigen sie situativ sehr deutlich, wenn sie etwas nicht wollen. Dies erscheint manchem Hundehalter schon als äußerst aggressiv.

Wer kennt die Situation nicht: Man steht auf einer Hundewiese oder ist im Auslaufgebiet unterwegs, der eigene Hund schnuppert und ein zwar freundlicher, aber sehr distanzloser fremder Hund brettert in den eigenen rein. Wenn nun der eigene Hund dem anderen deutlich klarmacht, dass er das nicht mag, z. B. durch ein Wegschnappen, dann heißt es noch erstaunt: „der ist aber aggressiv“ und man bekommt eventuell noch den schlauen Tipp, man solle doch eine Hundeschule aufsuchen, um seinen Hund besser zu sozialisieren. Dass aber eher der andere Hund lernen sollte, dass ein Reinlaufen in andere Hunde nicht unbedingt gutem Benehmen entspricht, wird leider häufig ignoriert. Wenn jetzt ein Mensch zur Begrüßung einen anderen einfach einmal in vollem Lauf anrempeln würde, würden die Reaktionen sehr wahrscheinlich anders aussehen. Bei Hunden wird hingegen der gesunde Menschenverstand des Öfteren einfach einmal ausgeschaltet. Hundetrainerinnen und -trainer haben an dieser Stelle eine große Verantwortung, nämlich die Vermittlung von Sachkunde!

So zu spielen, sollte gelernt werden.

Wer also weder damit klarkommt, seinem eigenen Hund ab und zu Grenzen setzen zu müssen, noch mit der Tatsache, dass aggressive Kommunikation Bestandteil des Sozialverhaltens von Hunden ist, dem muss man vielleicht auch einfach einmal ehrlich sagen, dass ein Hund – oder aber eben genau dieser Hund – für diesen Menschen nicht das richtige Haustier ist. Oder man darf sich eben nicht wundern, dass es immer wieder zu massiven Problemen im Zusammenleben kommen kann. Grenzsetzung bei Haushunden, ob nun mithilfe von Abbruchsignalen oder durch alternative Strategien, dient eben auch der Eskalationsvermeidung und damit einem besseren Verständnis innerhalb der sozialen Gruppe.

Je besser diese Kommunikation erlernt werden kann, desto sozial kompetenter können unsere Hunde werden.

So ermöglicht das fein nuancierte Drohverhalten und das richtige Dosieren von

Aggressive Kommunikation wird schon früh spielerisch gelernt.

Abbruchsignalen sowie auch das Erlernen der richtigen Antworten eine gute Grundlage für ein möglichst konfliktfreies Zusammenleben.
Und mit diesem gesammelten Wissen aus der Hund-Hund-Kommunikation sollen wir ernsthaft glauben, zwischen Mensch und Hund wäre das komplett anders?
Nein, das wollen und können wir nicht glauben, ganz im Gegenteil:

Keine Grenzen zu setzen, ist genauso tierschutzrelevant wie der unangemessene Einsatz von Strafe!
Gerade diejenigen, die sich so sehr einen immer lieben Hund wünschen, erziehen sich ihre Hunde oft durch positive Belohnung und fehlende Grenzsetzung zu kleinen „Tyrannen". Sie erhalten also das genaue Gegenteil, nämlich einen Hund, der große Schwierigkeiten damit hat, Grenzen sowohl von Hunden als auch von Menschen zu akzeptieren.

Nicht nur wir, sondern auch viele weitere Kollegen, die in der Praxis seit vielen Jahren Menschen mit verhaltensauffälligen Hunden beraten und trainieren, beobachten häufig, dass manche Hunde mit Einsetzen der Pubertät und darüber hinaus massive soziale Defizite entwickeln. Auf Nachfragen stellt sich sehr häufig heraus, dass viele dieser Hunde in der Welpen- und Junghundzeit hauptsächlich mit positiver Belohnung erzogen wurden, in vielen Fällen ohne jegliche Grenzsetzung.
Oft können diese Hunde kaum bis gar nicht mit Frust umgehen, verfügen über eine schlechte Impulskontrolle und fordern ständige Aufmerksamkeit. Ändern sich an diesem Punkt die Lebensumstände und im Hausstand werden neue Regeln eingeführt, z. B. durch die Geburt eines Kindes, eine Trennung oder einen Umzug, kann dies zu massiven Problemen im Zusammenleben führen.

Abhängig vom Gegenüber, lernt man der Überlegene zu sein …

Die durch die Veränderung erhöhte Frustration, mit der dieser Hund nicht gelernt hat umzugehen, führt unter Umständen zu schwer kontrollierbarem aggressiven Verhalten, das sich sowohl nach außen, als auch gegen die eigenen Familienmitglieder richten kann. Dem Hund von Anfang an Struktur, Regeln und Grenzen zu vermitteln, hätte diesen mit sehr hoher Wahrscheinlichkeit sozial deutlich kompetenter gemacht und dafür gesorgt, dass er mit der geänderten Lebenssituation gut zurechtkommt. Nun aber muss der Experte für „Problemhunde" gerufen werden, Grenzen zu vermitteln wird deutlich schwieriger und Abbrüche müssen in der Regel wesentlich deutlicher durchgesetzt werden, als dies eigentlich bei den meisten Hunden notwendig wäre, wenn man dies von Anfang an gemacht hätte.

Leider gar nicht so selten steht am Ende dieses Leidensweges für den Hund die Euthanasie – empfohlen am besten von einem Tierarzt, der nur in seltenen Fällen überhaupt die nötige Kompetenz besitzt, das Verhalten eines solchen Hundes zu überprüfen und richtig einzuschätzen.

Natürlich betreffen die vorhergehenden Schilderungen extreme Einzelfälle, aber es ist schon auffällig, wie viele Probleme im Zusammenleben zwischen Mensch und Hund vor allem auf zwei Faktoren beruhen, nämlich erstens auf der Wahl eines unpassenden Hundes – Beratung vor dem Hundekauf wird leider viel zu selten in Anspruch genommen – und zweitens eben des unzulänglichen Lernens bis hin zur kompletten Unterdrückung aggressiver Kommunikation.

Was den zweiten Punkt angeht, bekommt man so im schlechtesten Fall Hunde, die gar kein Drohverhalten mehr zeigen, sondern gleich ohne Vorwarnung zubeißen.

Was können wir dagegen tun?

Betroffenen mit als „verhaltensauffällig“ abgestempelten oder auch tatsächlich problematischen Hunden können wir nur ans Herz legen, sich und ihren Hund nicht vorschnell in eine Schublade stecken zu lassen. Ein Experte, der hier sehr schnell zu einer seiner Meinung nach absolut richtigen Einschätzung kommt, ist kein Experte!
Auf jeden Fall sollte man sich eine zweite Meinung einholen, ein wirklich guter Experte wird damit kein Problem haben. Im Gegenteil, er wird eher selbst einen Kollegen zu Rate ziehen oder empfehlen. Leider werden in Deutschland immer noch viele Hunde eingeschläfert, ohne dass diese jemals wirklich professionell überprüft und eingeschätzt wurden.
Das „Anschauen“ eines Hundes ausschließlich im Zwinger eines Tierheims durch einen Amtsveterinär etwa kann und darf nicht als professionelle Verhaltenseinschätzung durchgehen. Hier sollten unabhängige Institutionen geschaffen werden, um diese Hunde tatsächlich kompetent überprüfen und einschätzen zu können.
Für alle anderen Hunde und Situationen können wir nur empfehlen, die eigenen Hunde in ihrem Verhalten zu beobachten und vielleicht sogar z. B. per Video zu dokumentieren. Manchmal fällt einem erst im Nachhinein auf, was unsere Hunde alles können, wie fein nuanciert sie eigentlich miteinander kommunizieren! Gerade wenn die Hunde vertraut miteinander sind oder wenn man sozial sehr kompetente Althunde dabei hat, aber auch ganz allgemein gilt unser folgender Appell:

… oder auch klein beizugeben.

Lasst die Hunde wieder mehr kommunizieren! Und ja, auch einmal aggressiv kommunizieren! Lasst eure Hunde unter Aufsicht und Moderation lernen erwartete Antworten zu geben und Abbruchsignale instrumentell einzusetzen. Unsere Hunde werden es uns danken!

Danken werden sie es uns sehr wahrscheinlich mit feiner nuancierter Kommunikation untereinander, mit größerer emotionaler Stabilität, mit einer größeren Souveränität im sozialen Umgang generell und mit dem besseren Vermögen, sich auf Veränderungen in ihrer Umwelt einzustellen.
„Aggression ist Normalverhalten“ schreiben Heberer, Brede und Mrozinski (2017) und führen weiter aus: Ethologisch, also verhaltenswissenschaftlich betrachtet, gehört Aggression zu einem Komplex von Verhaltensweisen, die in ihrer Gesamtheit als agonistisches Verhalten bezeichnet werden.
Und nein, aggressive Kommunikation und soziales Lernen zuzulassen bedeutet nicht, dass die Hunde alles unter sich ausmachen und sie sich ganz ohne menschliche Hilfe perfekt sozialisieren, schon gar nicht im Fremdkontakt. Die Wahrheit liegt wie so oft dazwischen, das heißt, selbstverständlich muss der Mensch auch einmal eingreifen und reglementieren, situativ aber, und das vor allem im Vertrauten, kann man die Dinge auch einmal laufen lassen.
So neigen viele Hundehalter dazu, z. B. beim Stalken oder beim Nackenstoß, sofort einzugreifen. Als würden sie spüren, dass es nun wirklich ernst wird.
Aber ist das wirklich so eine gute Idee? Durch ungeschicktes Eingreifen in dieser hoch angespannten Situation kann der Mensch die agierenden Hunde nicht nur physisch, sondern auch psychisch negativ beeinflussen. Nicht selten knallt es dann schneller und/oder intensiver.
Aber auch nach dem gesendeten Abbruchsignal kann eine Trennung der beiden Hunde problematisch sein, denn wenn der Empfänger daran gehindert wird, eine deutliche deeskalierende Antwort zu zeigen, bleibt die Spannung eventuell bestehen, und es kommt im ungünstigen Fall zu einer weiteren Eskalation.
Das heißt, auch hier gibt es nicht die eine einfache und richtige Antwort. Wie man mit Abbruchsignalen umgeht, kommt immer auf die Situation und die beteiligten Hunde an.

AGONISTIK

Zur Agonistik existiert in der Ethologie keine einheitliche Definition.
Wir halten uns an die Ausführungen von Dorit Feddersen-Petersen (2008), wonach die Agonistik folgende Bereiche umfasst:

- Angriffsverhalten bzw. offensiv aggressives Verhalten
- Abwehrverhalten bzw. defensiv aggressives Verhalten
- Fluchtverhalten

Dorit Feddersen-Petersen führt weiter dazu aus: „Agonistisches Verhalten ist ein lebenswichtiger Bereich des Sozialverhaltens, ein soziales Regulativ, das im Zusammenhang mit den Funktionskreisen Territorialverhalten, Sexual- und Brutpflegeverhalten steht.“
Somit sind auch die Abbruchsignale ein Teil des agonistischen Verhaltens bei Hunden und ein wichtiger Teil des oben genannten sozialen Regulativs.

01 Ein klassischer Kommentkampf...

02 ... hier zwischen zwei Rüden, ...

03 ... die etwa gleichaltrig...

04 ... und miteinander vertraut sind.

05 Hoch ritualisiert...

06 ... und ohne jede Beschädigung

ZUSAMMENFASSUNG
— *und Fazit*

ÜBERBLICK ÜBER DIE WICHTIGSTEN PUNKTE

Zur Einordnung unserer Ergebnisse und Erkenntnisse in den aktuellen Stand der Forschung kann man sagen, dass es wenig bis gar keine aktuellen Forschungen zu diesem Thema gibt. Als bisher aufschlussreichste Arbeit zum Thema Abbruchsignale ist die im Rahmen von Günther Blochs Pizzahunde-Projekt entstandene Diplomarbeit von Sandra Fischer (2006) zu werten. Die am häufigsten gezeigten Signale waren in dieser Arbeit der strenge Blick, das Knurren und das Lefzen zeigen, also Signale, die wir nicht als eigenständige Abbruchsignale, sondern als Reduzierungen/Vorstufen von Abbruchsignalen gewertet haben.

Die Einteilung dieser Signale als Vorstufen macht deshalb Sinn, da sie je nach Kontext unterschiedliche Abbruchsignale nach sich ziehen können. So kann der strenge Blick bei einer unerwünschten Annäherung durch einen anderen Hund zum Wegschnappen führen. Nähert sich der andere Hund jedoch sexuell motiviert einem dritten an, so kann der strenge Blick auch die Vorstufe eines Nackenstoßes sein. Neben unseren eigenen langjährigen Beobachtungen in verschiedenen Hundegruppen und der Datenerfassung gab es auch noch ein wunderbares Feedback von vielen Kolleginnen und Kollegen aus verschiedenen Ländern. Diese berichteten uns nicht nur von eigenen Beobachtungen, sondern schickten uns auch Fotos und Videos, die viele unserer Annahmen und Ergebnisse zusätzlich bestärkten.

Man kann auch mal ein Auge zudrücken.

EINIGE DER WICHTIGSTEN PUNKTE SIND IM FOLGENDEN NOCH EINMAL KURZ ERWÄHNT

Abbruchsignale können das Verhalten eines anderen hemmen, unterbrechen oder abbrechen.
Nicht immer ist das Ziel von Abbruchsignalen die tatsächliche Beendigung eines Verhaltens, manchmal soll einfach nur die Intensität gehemmt oder eine Verhaltensweise kurz unterbrochen werden.

Abbruchsignale werden kontextbezogen verwendet.
Das haben unsere Auswertungen bestätigt. Darüber hinaus ist zu vermuten, dass dieser Kontextbezug zumindest bei einigen Signalen bereits in der frühkindlichen Ontogenese hergestellt werden kann.

Abbruchsignale werden ebenso wie alternative Strategien instrumentell eingesetzt.
Das heißt, sie werden verwendet, um das Verhalten des Gegenübers zu beeinflussen. Nach Bloch (2004) kann man dies auch bei den Wölfen finden.

Auch einmal über den Tellerrand schauen

Die Antworten der Empfänger sind ebenso wichtig wie die Signale der Sender.
Ohne unseren besonderen Fokus auf die Antworten hätten wir etliche Aussagen nicht treffen können. So zum Beispiel beim Beleg dafür, dass der Schnauzgriff in den allermeisten Fällen unterbrechend ist. Der häufigste auslösende Kontext ist die aktive Unterwerfung und die häufigste Antwort ist ebenfalls die aktive Unterwerfung.

Ein Abbruch zerstört nicht das Vertrauen!
Jeder der einmal gesehen hat, wie eine Mutter ihren Welpen gegenüber Grenzen und Regeln etabliert oder wie ein neuer

Einfach mal chillen und sich nicht aus der Ruhe bringen lassen

Hund in eine bestehende Gruppe eingerudelt wird, weiß, dass genau das Gegenteil der Fall ist. Wer klare Struktur vorgeben und Regeln angemessen etablieren kann, dem kann man vertrauen, auf den kann man sich verlassen!
Die Mensch-Hund-Beziehung ist nicht Thema dieses Buches, aber in diesem Punkt kann es ganz sicher nicht schaden, sich ein wenig von den Hunden abzuschauen.

Abbruchsignale dienen zur Vermeidung von Eskalationen und damit einhergehenden Schäden.
Drohverhalten wird innerhalb agonistischen Verhaltens („Verhaltensweisen des Angriffs und der Flucht", siehe Seite 194) eingesetzt, um in Konfliktsituationen möglichst eine ernste Auseinandersetzung mit Aggressionsschäden zu vermeiden (Immelmann et. al, 1996).
Wenn man sich unsere Handlungsnetze anschaut und sich zusätzlich die Tatsache vor Augen führt, dass Abbruchsignale, nachdem sie einmal etabliert sind, oft nur noch in der reduzierten Form, gezeigt werden (wie auch Drohverhalten), dass eben irgendwann der strenge Blick reicht, dann erscheint diese Aussage doch sehr schlüssig. Man könnte sagen, dass Abbruchsignale nur gesteigert werden, wo absolut nötig, aber reduziert werden, wann immer möglich.

SERVICE

— *zum Weiterlesen*

DAS TEAM VON DOGWATCHER – HAUSHUNDEFORSCHUNG IN BERLIN

Thomas Bursch: Dogwalker, Sachverständiger des BHD e. V., Hundephysiotherapeut, Referent

Marion Pepper: Hundetrainerin, Verhaltensbiologin, Prüferin des BHD e. V., Referentin

Lars Thiemann: Dogwalker, Sachverständiger, Hundetrainer, Referent

Um das Jahr 2010 lernten sich Thomas Bursch, Marion Pepper und Lars Thiemann kennen. Schnell wurde aus anfänglich privaten Treffen ein wöchentlicher fachbezogener Austausch. 2015 gründeten sie das Projekt „Dogwatcher – Haushundeforschung" in Berlin. Mit dem Ziel Ahnungen und Ideen nachzugehen und diese objektiv zu beurteilen. Schwerpunkt dabei ist das Ausdrucksverhalten von Hunden.

Das Team hat bereits sehr erfolgreich mehrere Projekte umgesetzt. Sie organisierten in Berlin das internationale Canidensymposium Wolf & Co 2017 zu Ehren von Günther Bloch, einem Freund und Mentor der drei, der danach in den Ruhestand ging. Gemeinsam gründeten Sie 2012 den Berufsverband der Hundebetreuer und Dogwalker – BHD e. V. um das Berufsbild des Dogwalkers zu definieren und den Dogwalkern eine Stimme zu geben. Weiterhin entwickelten sie eine Prüfung für Dogwalker in Theorie und Praxis, die heute von allen Ordnungsämtern in Berlin für den Nachweis der Sachkunde von Dogwalkern anerkannt wird.

Seit vielen Jahren arbeitet das Dogwatcher Team am Thema Abbruchsignale in der innerartlichen Kommunikation. Nachdem sie erste Ergebnisse auf der Veranstaltung Wolf & Co 2017 vorgestellt hatten, führten weitere unzähligen Beobachtungsstunden, Datenaufnahmen und -auswertungen schließlich zu diesem Buch. Der freundschaftliche und fachliche Austausch mit Dr. Dorit Feddersen-Petersen war eine wertvolle Bereicherung.

Zurzeit arbeitet das Dogwatcher Team an weiteren Ahnungen und Ideen. Zudem werden die drei demnächst auch Weiter- und Ausbildungen für Menschen geben, die mit Hunden arbeiten bzw. arbeiten wollen (wie z. B. Hundehalter, -trainer, Tierärzte u. v. m.).

LITERATUR UND QUELLEN

Bekoff, M. (1972): **The Development of Social Interaction, Play, and Metacommunication in Mammals:** An Ethological Perspective. Quarterly Review of Biology, 412–434.

Bloch, G. (2004): **Der Wolf im Hundepelz.** Kosmos-Verlag, Stuttgart

Bloch, G. (2007): **Die Pizza-Hunde.** Kosmos-Verlag, Stuttgart

Bloch, G., Radinger, E. (2010): **Wölfisch für Hundehalter.** Kosmos-Verlag, Stuttgart

Bloch, G.; Radinger, E. (2012): **Affe trifft Wolf.** Kosmos-Verlag, Stuttgart

Bonanni, R.; Cafazzo, S.; Valsecchi, P.; Natoli, E. (2010): **Effect of affiliative and agonistic relationships on leadership behaviour in freeranging dogs.** Animal Behaviour 79 (2010) 981–991

Bradshaw, J. (2012): **Hundeverstand.** 2. Auflage, Kynos Verlag, Dr. Dieter Fleig GmbH, Nerdlen/Daun

Brunner, Dr. F. (1994): **Der unverstandene Hund.** 5. Auflage, Weltbild Verlag GmbH, Augsburg

Cafazzo, S.; Bonanni, R. Vaalsecchi, P. Natoli, E. (2014): **Social Variables Affecting Mate Preferences, Copulation and Reproductive Outcome in a Pack of Free-Ranging Dogs.** PLoS ONE 9(6): e98594. doi:10.1371/journal.pone.0098594

Cafazzo, S.; Valsecchi, P. Bonanni, R.; Natoli, E. (2010): **Dominance in relation to age, sex, and competitive contexts in a group of free-ranging domestic dogs.** Behavioral Ecology doi:10.1093/beheco/arq001 Advance Access publication 10 February 2010

Duffy, D. L.; Hsu, Y.; Serpell, J. A. (2008): **Breed differences in canine aggression.** Applied Animal Behaviour Science 114 (2008) 441–460

Eibl-Eibesfeldt, I. (1984). **Die Biologie des menschlichen Verhaltens: Grundriß der Humanethologie.** (5 ed.). München: Piper.

Ekman, P. (1992): **Are There Basic Emotions?** American Psychological Association

Ekman, P. (1992): **An Argument for Basic Emotions.** Cognition and Emotion. 6 (3/4), 169–200

Dorsch (2021): **Lexikon der Psychologie.** 20. überarb. Auflage Hogrefe AG (Verlag)

Feddersen-Petersen, Dr. D. U. (2008): **Ausdrucksverhalten beim Hund.** Kosmos-Verlag, Stuttgart

Feddersen-Petersen, Dr. D. U. (2013): **Hundepsychologie.** Sozialverhalten und Wesen, Emotionen und Individualität. Kosmos-Verlag, Stuttgart

Feldman Barrett, L. (2017): **How Emotions are made: The secret life of brain.** London, UK: Macmillan

Fischer, S. (2007): **Abbruchsignale der Hunde.** Diplomarbeit Maximilians-Universität Würzburg

Fox, M. W. (1971): **Behaviour of Wolves, Dogs and related Canids.** First U.S. Edition Harper & Row, Publishers, Inc. New York

Fox, M. W (1975): **Vom Wolf zum Hund, Entwicklung, Verhalten und soziale Organisation.** BLV Verlagsgesellschaft mbH, München

Fox, M. W. (1969): **A comparative study of the development of facial expressions in canids: wolf, coyotes and foxes.** Behaviour, 36, 49–73

Ganß, A. (2007): **Dominanzverhalten in der Rangordnung eines verwilderten Haushunderudels in der Toskana.** Georg August Universität Göttingen

Gansloßer, U. (2007): **Verhaltensbiologie für Hundehalter.** Kosmos-Verlag, Stuttgart

Ganßloser, U. (Hrsg.) (2011): **Expertenwissen für Hundehalter.** Band 2 – Natürlich Aggressiv. Filander Verlag GmbH, Erlangen

Ganßloser, U., Kitchenham, K. (2012): **Forschung trifft Hund – neue Erkenntnisse zu Sozialverhalten, geistigen Leistungen und Ökologie.** Kosmos-Verlag, Stuttgart

Ganßloser, U., Krivy, P. (2014): **Ein guter Start ins Hundeleben.** Müller Rüschlikon Verlag, Stuttgart

Ganßloser, U. (Hrsg.) (2015): **Kommunikation und Konfliktmanagement.** Filander Verlag GmbH, Erlangen

Gattermann, R. (Hrsg.) (2006): **Wörterbuch zur Verhaltensbiologie.** 2. Auflage, Spektrum Akademischer Verlag, Heidelberg

George, E. (1995): **Beitrag zur frühen Verhaltensontogenese von Bullterriern.** Hannover, Tierärztl. Hochsch., Diss.

Goddard, M. E.; Beilharz, R. G. (1985): **Individual variation in agonistic behaviour in dogs.** Animal Behaviour, 1985, 33, 1338–1342

Grewe, M.; Meyer, I. (2010): **Hunde brauchen klare Grenzen.** Gesetze einer Freundschaft. Kosmos-Verlag, Stuttgart

Heberer, U.; Brede, N.; Mrozinski, N. (2017): **Aggressionsverhalten beim Hund.** Kosmos-Verlag, Stuttgart

Holst, C. (2017): **Warum tut der Hund, was er tut?** Anamnese-Leitfaden für Hundetrainer. Eugen Ulmer KG, Stuttgart

Immelmann, K., E. Pröve und R. Sossinka (1996): **Einführung in die Verhaltensforschung.** Blackwell Wissenschafts-Verlag, Berlin, Wien

Iversen, S. (2008): **Ein Aggressionstest bei Berliner Stadthunden** – Feststellung vorkommender Aggressionsformen, Reizschwellen und Einflussfaktoren für aggressives Verhalten. Dissertation, Freie Universität Berlin

Kaminski,J. et al (2019): **Evolution of facial muskel anatomie of Dogs.**

Kappeler, P.M. (2012): **Verhaltensbiologie.** 3. Auflage, Springer Verlag, Berlin Heidelberg

Käufer, M. (2011): **Spielverhalten bei Hunden.** Kosmos-Verlag, Stuttgart

Kitchenham, K. (2014): **Wissen Hunde dass sie Hunde sind?** Wie Hunde denken und fühlen, Kosmos-Verlag, Stuttgart

Krivy, P. (2004): **Herdenschutzhunde – vom Herdenbewacher zum Familienbegleiter.** Kosmos-Verlag, Stuttgart

Krivy, P. (2019): **Herdenschutzhunde:** Geschichte, Rassen, Haltung, Ausbildung. 2. Auflage Kosmos-Verlag, Stuttgart

Köhler, W.; Schachtel, G.; Voleske, P. (2002): **Biostatistik.** 3. Auflage Springer Verlag, Berlin Heidelberg

Lindell, E. M.; Erb, H. N.; Houpt, K. A. (1997): **Intercat aggression: a retrospective study examining types of aggression, sexes of fighting pairs, and effectiveness of treatment.** Applied Animal Behaviour Science 55 (1997) 153–162

Lorenz, K. (1974): **Das sogenannte Böse. Zur Naturgeschichte der Aggression.** Deutscher Taschenbuch Verlag, München

Maisch, H. (2005): **Ist das Fortpflanzungssystem bei Rothunden Cuon alpinus die Ursache oder eine Konsequenz des Rudellebens?** Dissertation, Universität Osnabrück

Marshall-Pescini, S.; Passalacqua, C.; Ferrario, A.; Valsecchi, P.; Prato-Previde, E. (2011): **Social eavesdropping in the domestic dog** Animal Behaviour 81 (2011) 1177–1183

Matsumoto,D.; Hwang, H. C. (2014): **Facial Signs of Imminent Aggression.** American Psychological Association

Meyer, M. (2006): **Die Beschwichtigungssignale der Hunde.** Diplomarbeit TU München

Miklosi, Dr. A. (2011): **Hunde – Evolution, Kognition und Verhalten.** Kosmos-Verlag, Stuttgart

Miklosi, Dr. A. (2018): **Der Hund. Geschichte, Biologie, Rassen.** Haupt Verlag Bern

Nestler, A. (2013): **Versteh mich doch! Hundesprache richtig deuten.** Gräfe und Unzer Verlag GmbH, München

Nijboer, J. (2004): **Hunde verstehen.** Kosmos-Verlag, Stuttgart

Ottenheimer Carrier, L., Cyr, A., Anderson R. E., Walsh, C., J. (2013): **Exploring the dog park: Relationships between social behaviours, personality and cortisol in companion dogs.** Applied Animal Behaviour Science 146 (2013) 96–106

Roll, A., Unshelm, J. (1997): **Aggressive conflicts amongst dogs and factors affecting them.** Applied Animal Behaviour Science 52 (1997) 229–242

Rugas, T. (2001): **Calming Signals – Die Beschwichtigungssignale des Hundes.** Animal Learn.

Schenkel, R. (1967): **Submission: Its features and functions in the wolf and dog.** Am. Zoologist, 7, 319–329

Sherman, C. K.; Reisner, I. R.; Taliaferro, L. A.; Houpt, K. A. (1996): **Characteristics treatment and outcome of 99 cases of aggression between dogs.** Applied Animal Behaviour Science 47 (1996) 91–108

Strodtbeck, S.; Borcher, U. (2013): **Hilfe, mein Hund ist in der Pubertät!: Entspannt durch wilde Zeiten.** Gräfe und Unzer Verlag GmbH

Trumler, E. (1997): **Das Jahr des Hundes. Ein Jahr im Leben einer Hundefamilie.** Kynos Verlag, Dr. Dieter Fleig GmbH, Mürlenbach/Eifel

Trumler, E. (1971): **Mit dem Hund auf du. Zum Verständnis seines Wesens und Verhaltens.** R. Piper GmbH & Co. KG, München

Ward, C.; Trisko, R.; Smuts, B. B. (2009): **Third-party interventions in dyadic play between littermates of domestic dogs, Canis lupus familiaris.** Animal Behaviour 78 (2009) 1153–1160

Zimbardo, P. (2015): **Psychologie.** Pearson Deutschland GmbH, Hallbergmoos

Zimen, E. (1972): **Wölfe und Königspudel – Vergleichende Verhaltensbeobachtungen.** R. Piper Vlg., München

Zimen, E. (1988): **Der Hund – Abstammung, Verhalten, Mensch und Hund.** C. Bertelsmann-Verlag GmbH, München

Zimen, E. (1990): **Der Wolf.** Knesebeck & Schuler, München.

LESETIPPS AUS DEM KOSMOS-VERLAG ZUM HUNDEVERHALTEN

Feddersen-Petersen, Dr. Dorit: **Ausdrucksverhalten beim Hund.** Mimik und Körpersprache, Kommunikation und Verständigung.

Feddersen-Petersen, Dr. Dorit: **Hundepsychologie.** Sozialverhalten und Wesen, Emotionen und Individualität. Mit 90 Minuten Hundefilmen auf DVD.

Gansloßer, Udo: **Verhaltensphysiologie und -medizin.** Wie innere Zustände das Verhalten beim Hund beeinflussen.

Gansloßer, Udo: **Verhaltensbiologie für Hundetrainer.** Verhaltensweisen aus dem Tierreich verstehen und auf den Hund beziehen.

Gansloßer, Udo & Petra Krivy: **Verhaltensbiologie Hund – Praxisbuch.** Wie Rasse, Geschlecht, Aussehen und Alter das Verhalten beeinflussen.

Grote, Maren: **Hunde lesen lernen.** Hundeverhalten praxisnah erklärt. Verhalten verstehen und richtig steuern.

Grote, Maren: **Hunde lesen lernen. Körpersprache beim Hund deuten** Der Online-Kurs zum Buch – Hunde verhalten verstehen, Körpersprache sicher deuten und im Alltag richtig reagieren.

Heberer, Ute, Brede Nora & Normen Mrozinski: **Aggressionsverhalten beim Hund**. Mit Fallbeispielen.

Mehl, Robert: **Die Psyche des Hundes.** Wie Prozesse im Gehirn das Verhalten steuern.

REGISTER

BILDNACHWEIS

238 Fotos wurden von Thomas Bursch und Lars Thiemann aufgenommen. Weitere Fotos von Merle Fischer (1: S. 5 rechts), Nicolas Knebel (1: S. 11; 1: S. 45), Patrick Ohligschlaeger (1: S. 7) und Nadi Paasch (8: S. 92/93; 1: S. 97).

26 Grafiken von Claudia Adam nach Vorlagen der Autoren. Eine weitere Grafik von Atelier Krohmer (S. 148/149).

Mit 59 Filmen in der Kosmos Plus App: 001 (Lars Thiemann), 002 (Thomas Bursch/ Lars Thiemann/ Lars Thiemann/ Lars Thiemann/ Marion Pepper/ Lars Thiemann/ Thomas Bursch/ Lars Thiemann), 003 (Thomas Bursch), 004 bis 011 (Lars Thiemann), 012 (Günther Bloch), 013 (Lars Thiemann), 014 (Lars Thiemann/Thomas Bursch/Thomas Bursch/Thomas Bursch/Lars Thiemann/Lars Thiemann/Thomas Bursch/Thomas Bursch/Thomas Bursch), 015 (Thomas Bursch/ Lars Thiemann/Thomas Bursch/Lars Thiemann), 016 (Thomas Bursch), 017 (Lars Thiemann/ Lars Thiemann/Thomas Bursch/Marion Pepper/Thomas Bursch), 018 (Lars Thiemann), 019 (Thomas Bursch), 020 (Thomas Bursch/Lars Thiemann/Lars Thiemann), 021 (Thomas Bursch/ Thomas Bursch/Lars Thiemann/ Lars Thiemann), 022 (Thomas Bursch/ Marion Pepper), 023 (Lars Thiemann/Thomas Bursch/Thomas Bursch, Lars Thiemann/Thomas Bursch), 024 (Thomas Bursch), 025 (Lars Thiemann), 026 (Thomas Bursch/Lars Thiemann), 027 (Thomas Bursch), 028 (Thomas Bursch), 029 (Thomas Bursch/Thomas Bursch/Marcella Lemmé/Thomas Bursch/Lars Thiemann), 030 (Thomas Bursch), 031 (Thomas Bursch), 032 (Angelika Lanzerath), 033 (Lars Thiemann), 034 (Marcella Lemmé), 035 (Lars Thiemann), 036 (Thomas Bursch), 037 (Thomas Bursch), 038 (Lars Thiemann), 039 (Thomas Bursch), 040 (Thomas Bursch/Thomas Bursch/Thomas Bursch/Lars Thiemann/Thomas Bursch/Lars Thiemann), 041 (Thomas Bursch), 042 (Lars Thiemann), 043 (Thomas Bursch), 044 (Lars Thiemann/Thomas Bursch), 045 (Thomas Bursch), 046 (Lars Thiemann), 047 (Nina Ebeling im Auftrag der Autoren), 048 (Julia Gössel), 049 (Nina Ebeling im Auftrag der Autoren), 050 (Nina Ebeling im Auftrag der Autoren), 051 (Petra Führmann), 052 (Julia Gössel/Rebecca Kimena) 053 (Rebecca Kimena), 054 (Thomas Bursch), 055 (Lars Thiemann), 056 (Thomas Bursch), 057 (Thomas Bursch/Lars Thiemann), 058 (Lars Thiemann), 059 (Thomas Bursch).

IMPRESSUM

Umschlaggestaltung von Patrick Marc Sommer, typoint unter Verwendung von zwei Farbfotos von Lars Thiemann (U1) und Thomas Bursch/Lars Thiemann (U4).

Mit 251 Farbfotos, 2 Schwarz-Weiß-Fotos und 59 Filmen in der Kosmos Plus App

Gedruckt auf chlorfrei gebleichtem Papier

ISBN 978-3-440-16301-6
Redaktion: Ute-Kristin Schmalfuß
Gestaltungskonzept: Peter Schmidt Group GmbH, Hamburg
Gestaltung und Satz: Claudia Adam
Produktion: Angela List
Druck und Bindung: Westermann Druck Zwickau GmbH, Zwickau
Printed in Germany / Imprimé en Allemagne

FSC
www.fsc.org
MIX
Papier | Fördert gute Waldnutzung
FSC® C110508